GREATER EXPECTATIONS

父母的期望

克服家庭和校园中的骄纵文化

William Damon
[美]威廉·戴蒙——著
万学——译

国际文化出版公司
·北京·

图书在版编目（CIP）数据

父母的期望 /（美）威廉·戴蒙著 ；万学译．-- 北京 ：国际文化出版公司，2023.3
ISBN 978-7-5125-1364-8

Ⅰ．①父… Ⅱ．①威… ②万… Ⅲ．①儿童心理学 Ⅳ．① B844.1

中国版本图书馆 CIP 数据核字 (2022) 第 025316 号

北京市版权局著作权合同登记号：图字 01-2022-5885 号

父母的期望——克服家庭和校园中的骄纵文化

作　　者	[美] 威廉·戴蒙
译　　者	万　学
总 策 划	鲁良洪
责任编辑	吴赛赛
统筹监制	阴保全
品质总监	张震宇
封面设计	彭振威设计事务所
出版发行	国际文化出版公司
经　　销	国文润华文化传媒（北京）有限责任公司
印　　刷	文畅阁印刷有限公司
开　　本	880 毫米 ×1230 毫米　　32 开 12.25 印张　　205 千字
版　　次	2023 年 3 月第 1 版 2023 年 3 月第 1 次印刷
书　　号	ISBN 978-7-5125-1364-8
定　　价	68.00 元

国际文化出版公司
北京朝阳区东土城路乙 9 号　　邮编：100013
总编室：（010）64270995　　传真：（010）64270995
销售热线：（010）64271187
传真：（010）64271187-800
E-mail：icpc@95777.sina.net

序言

在我的职业生涯中，我的主要目标一直是从科学研究者的客观角度去理解孩子的发展。尽管我尊重人们为青少年发展制订良好社会政策的所有努力，但是我对当下时代大肆宣传和缺乏深入思考的观点感到不安。我见过太多关于青少年发展的深刻问题因扭曲的政治辩论而最终让人不知所云。正如世界历史一再告诉我们的那样，当认知的偏见占据上风时，真相往往就很难被发现。

然而，伴随我对当下年轻人越来越多的观察，我发现自己无法再保持研究者的“客观”心态。我的担忧已让我无法再保持科学的客观性，不管我对此有多么推崇。当我们的社会逐渐丧失养育孩子的健康风气时，我无法做到冷静旁观。

一段时间以来，我一直试图将我的担忧控制在适度范围内。每当我察觉到自己在关于青少年的谈话和文章中流露出一种如同末世一般的文化基调时，我都会感到惴惴不安。这种基调与我的思考方式和工作方式格格不入，我一直在抵制它。但最近，我开始很不情愿地相信，我们的时代需要正视这件事。

此时此刻，关于我们社会的未来，正面临着一场战斗。在这场战斗中，一方面，许多有识之士已经认识到了现在的青少年面临严重的问题，他们已经开始自发地行动起来。来自社会各行各业的志愿者、社区领袖、慈善家和许多大公司，已投入时间和资源来帮助已明显陷于困境的青少年；另一方面，问题正在迅速恶化。在当今的青少年群体中，每天都有暴力、犯罪、自暴自弃和自毁行为等令人痛心的消息传出。这些事件所呈现的问题严重程度和影响范围都在不断升级。现在，最严重的事件甚至赫然出现在曾一度被认为最稳定的社区。

这场战斗关乎我们青少年的生活和未来希望。这是我们和文化环境之间的拉锯战，我们必须付出超常的努力来拯救我们的青少年，而不断变化的文化环境正在继续将他们置于更大的危险之中。我担心的是，如果我们不改变努力的方向，我们就会败下阵来。尽管我们尽了最大的努力，但是可能仍然不够，除非我们能铲除文化环境恶化的根源。否则，我们所做的不过是杯水车薪，无济于事。

不承认这个问题只会雪上加霜。在某些学术和专业圈子里，美化深陷绝境的孩子们的生活已成为一种时尚。他们认为，把这些孩子的生活描绘得黯淡无光，将是对他们及其家人的不尊重。这种做法让我感到难以置信，以至于我快要失去我在这件事上的最后一点点克制。我们不能因为怕冒犯一些人而忽视真相；在利益攸关的时候，这样做尤其应该受到谴责。当然，人们在任何社会环境中都可以发现一些发展得很好的孩子。在我们社会的每一个角落，都有一些青少年成为激励周围人的榜样。但是，这并不意味着当今的青少年普遍都发展得很好。太多的孩子——无论贫富——虚度了光阴，却没有获得他们维持丰富多彩的生活所需要的生活技能、品德或目标感。

对于当今青少年问题的根源，人们众说纷纭。有人将其归咎于经济困境，有人将其归因于历史问题，还有人将其归咎于人口结构变化和其他因素。毫无疑问，所有这些因素都发挥了作用。然而，我会不断地回到其中一个最显而易见的根源上：我们培养孩子的方式。在培养孩子的所有地方，包括家庭、学校和社区，一个醒目的变化出现在每位读者的生活中：所有被普遍接受的关于青少年生活技能和行为的标准都大幅下降了。人们对青少年的期望更低了，反之，他们从青少年身上得到的回报也更少了。不管孰是因孰是果，教育、管教，以及关于青少年能力和品格的培养正在迅速变成失落的艺术。与这一令人不安的文化现状相比，我所看到的任何社会分析报告都显得苍白无力。

我第一次尝试为大众撰写的通俗作品是《儿童道德》（*The Moral Child*）——我以直截了当的方式将关于儿童道德发展的科学发现转变为让父母、老师和普通市民可以发现其有用的晓白文字。这本书备受关注，我因此接到许多邀请，在父母群体、教师和其他经常与孩子接触的人面前公开演讲。这些演讲经历让我获益良多。其中最大的收获之一便是，我充分意识到了过去几十年酝酿的青少年危机的严重性。

自然而然地，在我自己的研究中，我看到了很多面临困境的孩子。最近几年，我的工作让我走进了一些社区，在那里，“不利因素”是对青少年所处环境的一种委婉说法。但是，我还没有完全搞清楚，我们在多大程度上意识到了一些必要的标准在代际传递的过程中出现了问题。即使在最好的情形中，父母们也会感到不安和沮丧。而在糟糕的情形中，无论贫穷还是富裕，父母们都会感到担心，而这种担心会在群体中传播。

我在这本书中的一个观点是，我们社会面临的青少年危机是一个普遍的现象。它并不局限于特定的阶级、种族、性别或其他任何社会群体。我很清楚，这种说法与认为每个社会问题都有其经济根源的理论背道而驰。然而，我观察到的这种危机既威胁着富人家的孩子，也威胁着穷人家的孩子。当然，这种危机有多种表现形式；在某些重要的方面，它在贫穷地区有更具威胁性的表现形式。但是我相信，从本质上讲，困扰当今青少年的问题是一个，而不是多个。或者，更准确地说，这是一个相互关联的问题网。我用来描述这个问题网的一个词是“士气低落”。我引用这个词想表达两层含义：道德标准的丧失和精神的缺乏。

“士气低落”的概念将我们困境的根源直接归咎于被称为“文化”的模糊领域。当代文化的批评者已经证明，不受约束的个人主义和利己主义的兴起如何削弱了我们存在已久的道德责任感。尽管我的确认为这是问题的一部分，但我在本书中关注的重点不是错位的文化价值观，也不是它们对社会产生的整体影响。这些方面的论著已经足够多了。相反，我在本书中关注的是关于儿童的一组特定错误概念，以及在这些错误概念指导下的具有危害性的育儿实践。

当代的文化情感无疑滋生了一些错误概念，也正是同样的文化情感保护了这些错误概念免受批判性审视。相应地，通过代际之间的传递，这些错误概念在滋养某些现代的社会倾向方面发挥了重要作用，比如毫不掩饰的利己主义。除了与广泛的文化情感相关之外，这些错误概念也有它们的渊源和生命历程。事实上，我将要讨论的诸多具有讽刺意味的事情之一是，那些对利己主义价值观不屑一顾，明确以培养孩子强烈社会责任感为目标的父母，往往会做出与他们的目标背道而驰的养育选择。等到后来，当他们注意到自己孩子的性格中存在着不受欢迎的道德品质时，这些父母会感到惊讶和沮丧。

我最初为本书起的书名是《出于善意》，因为我相信本书中没有坏人，只有许多意料之外的受害者。这些让我为之困惑的错误不是仇恨或刻意恶作剧的产物。相反，我们社会中的大多数成年人真的关心青年一代。但是，这种关心被当下流行的关于孩子的天性及其发展需求的错误概念引入了歧途。正如我在太多场合看到的那样，当被严重带偏时，这种关心可能变成一种误导性的努力：在孩子们成长的过程中保护他们免受责任和现实的挑战。对孩子们及其自我意识、主动精神和道德品格来说，这样做的后果是严重的、可悲的。因此，我的第一个暂定书名给人的联想对我而言很有吸引力：因出于好意而铺设的道路可能通往不幸之地。

不过，即使照我现在的心情来说，这似乎有点儿太悲观了。我不相信我们的社会已经无可救药，或者我们注定如此。这场战斗远未结束。首先需要强调的是，我在这本书中只提到了趋势和需要警戒的迹象。正如我上面所说的，现在仍然有许多年轻人在各方面都获得了蓬勃发展；现在仍然有许多家庭对孩子的需求做出了积极反应，并对孩子们的智力和道德发展抱有很高的期望；现在仍然有正在发挥作用的学校和教师；现在仍然有一些社区在为年轻人提供安全和有利于其成长的环境。我去过许多地方，包括一些不太富裕的地区，我看到一些青少年精神饱满，志向高远，而这恰恰是历代青年的标志所在。

至于其余的年轻人，浪费人类潜能的现象则惨不忍睹。但是，我们并没有一败涂地，无论是对青少年来说，还是对我们的社会来说。他们仍然可以学习，我们成年人也一样可以学习。我们可以赢得这场战斗，并再次提高标准。首先，我们必须更敏锐地环顾四周，承认问题，认清问题的实质。然后，我们必须重新获得真正的方位感，并开始朝着正确的方向前进。

这可能会让我们对青少年的认知，以及什么才是最有利于他们成长的想法发生革命性的变化。这场革命将会借鉴一些新的思想以及成年人素来拥有的对年轻一代的一些永恒的直觉。这场革命的很大一部分内容将源于生活常识。事实上，正因如此，我曾考虑用“常识”作为这本书的标题，但是这个标题已被用过了。

01

目录

在我的整个职业生涯中，我一直是一名社会学家，我珍视心理学、人类学和社会学方面的伟大著作为我们提供的有关人类发展的真知灼见。但是，每一个有效的见解，都伴随着很多谬论。而这些谬论又反过来引出了有关青少年本质以及如何充分发挥青少年潜力的有害结论……

02

第 2 章
成长之“易” / 038

富裕的生活和社会的进步给当今中产阶级家庭的孩子们带来的好处是毋庸置疑的。这对于无数孩子来说无疑是种好运，收回这些好运是愚蠢的。但与许多好运一样，它们也伴随着我们必须提防的风险……

03

第 3 章
成长之“难” / 067

在一两代人以前，人们之间的关系是建立在相互信任和关心的基础上的。而新的关系往往建立在工具性的目的上，而不是人际交往的目的上；这种关系是建立在欺骗和自我保护基础上的，而不是建立在诚实和尊重基础上的……

现代性代表着一种共同的信念：我们可以超越自然和传统的束缚而取得进步。现代科学技术确实征服了自然，给我们带来了巨大的物质利益；社会变革在许多方面使得传统似乎变得不合时宜。然而，现代性的胜利伴随着许多牺牲，其中之一便是我们传统的社区意识……

05

第 5 章
现代错误概念之二：
错误的对立 / 139

在今天关于青少年的公开讨论中，最扭曲、最令人不安的是教育和育儿观念不必要的两极分化。对立思维占据了主导地位。在教育中，我们争论的问题是：我们应该教孩子学科知识还是思维技能；我们应该让学校变得有趣还是严格；我们应该通过看字读音教学法还是整体语言教学法来教授阅读；我们应该强调品格还是成绩……

就在几代人之前，我们的祖母们之间还流传着这样的说法："孩子们是有韧性的。"这是祖母们给自己初为人父母的孩子们提供的一点令人安慰的智慧……

08

第 8 章
养育方式 / 238

父母的情感压力可能是多种多样的。最良性的压力是自我诱导的压力。许多尽职尽责的父母担心让孩子感到失望，担心因为自己不够敏感或周到而伤害他们，担心没有精心保护好他们使其免受世界上的各种危险……

09

第 9 章
学校教育 / 280

除了公立学校，还有什么机构可以让一个社会中的所有孩子都能上学？还有什么机构能够为每一个孩子提供培训、支持、指导以及未来成功的机会？还有什么机构可以广泛传播能够将社会凝聚在一起并确保其稳定治理的基本知识和技能？只有公立学校才有这种普及性……

第一部分

青少年的“士气低落”

第 1 章 关于未来生活的一种想象

想象人类 21 世纪的一幅生活场景，有些类似于科幻小说，可以用未来主义小说或电影的风格来呈现。故事背景设定在一个小镇，主人公是一群不到 20 岁的年轻人。这群孩子和青少年，居住在这些在未来非常普通的街道、家庭和学校里。

荒芜的社区

故事开始的场景，是美国某地城镇中心一个荒凉的、空寂无人的街区。现在是白天，上班时间刚过，这里已人去楼空。空荡荡的感觉与当天早些时候相比变化并不大。在朝九晚五的工作时段，一些政府办公室和几家小商店为这个地区增添了些许生活气息，但在这个街区之外，更多上演的还是乏味、逼仄的生活。

一群流浪的年轻人给这个街区带来了些许生机，尽管这是一个令人不寒而栗的街区。一些年轻人挤进汽车里，汽车缓慢地转过街角，就像大型猫科动物在四处游荡一样。另一些年轻人正在迅速而利落地打着哑语，用手势或眼神相互示意。不久，辱骂声、枪声和尖叫声刺破了这令人警觉的寂静。然后，火光、烟雾、汽车马达和轮子的轰鸣声以及警报的哀鸣声，将现场气氛推向了高潮。担架抬走了三具青少年的尸体。没有摄影记者前来拍摄这一可怕的景象：这样的事情早已失去了其新闻吸引力。接下来是令人不安的沉寂。然后，在隔一段时间后，类似的剧情会不出所料地再次上演。

现在的场景切换到了郊区。这里的居民区绿树成荫，但是，路障和愤怒的标语已经剥夺了这里田园诗般的魅力。这些标语警告说，只有小区居民和他们的客人才能上街走动，有关部门已经设立了检查站来执行这项法令。

这里的青少年很少有户外活动，几乎所有的活动都发生在室内——如果人们把看电视、吃零食、打盹以及偶尔漫不经心地应付家庭作业视为“活动”的话。这是一种无精打采，完全不可称之为“活跃”的活动。就连打破沉闷寂静的通电话声也少了以往十几岁的孩子打电话时的那种欢快语气。这些年轻人的动作都是懒洋洋的，其中的很多青少年都是一副面色苍白、萎靡不振的神态。

在其中一个家庭里，正在上演一出真正的悲剧。一个16岁的男孩，悄悄溜进父亲的书房，打开了家里的电脑。他在键盘上轻敲几下，打开了一个数据库文件，他的父亲在里面列出了家里收藏的枪支。他来到走廊，打开了一个柜子，拿出了一把很粗的单管猎枪。在那里，他仅仅停顿了10分钟，就拿枪对准自己的脑袋，结束了自己的生命。他没有留下字条，也没有做出任何手势来传递某种重要信息，这一天距离他生日还有3天。次日消息传到高中，人们对男孩自杀感到震惊，但人们的情绪更倾向于悲伤，而不是惊讶。自杀事件经常会发生，这里和周围所有其他郊区都一样。

与此同时，学校里还有其他一些突发事件更需要人们认真交谈和保持警觉。其中最紧迫的是持刀伤人事件，这让学生和老师每天都面临着巨大的风险。学校入口处安装的精密的金属检测装置无法阻止学生们用锋利的物体制造刀具，并用它们进行相互攻击，或袭击教职员工。人们一度认为，只有来自“贫穷”地区的学生才会这样做；但是现在，人们发现这些持刀伤人事件与学生的社会地位或种群身份没有明显的联系。现在，女孩和男孩一样有可能持刀伤人。

到处都是涂鸦，校内校外都是，这似乎轻易就击败了学校管理者并非出于真心地想要将其抹除的象征性努力。大多数青少年都剃了光头，身上有刺青，并佩戴花哨的首饰。学生们穿的当下最流行的T恤上印有用醒目的黑体字写着的两个口号，一条印在T恤正面，一条印在背面：“受够了这一切”和“再无可失”。

我们沿着走廊来到学校的中心办公区。一名辅导员正在给一名学生的家长打电话，说他明显找借口旷课，结果发现父母的假条是伪造的。一名小男孩因持枪威胁他的老师而在校长办公室接受谈话。三名学生因对别人使用种族侮辱语言而被赶出了班级。一个女孩抱怨说她的储物柜被人撬开了，她所有的个人物品都被盗窃一空。在操场上，两个女孩抓住另一个女孩，一拳打在她的肚子上，因为她搞错了恋爱的对象。在整个走廊和教室里，无序和无礼明显占据着主导地位。

镜头从郊区移开，掠过前面出现的老旧商业区，进入城镇中真正被摧毁的地方，那里住着没有工作的穷人。在这里，许多儿童和大多数青少年可能再也不会出现在任何校园内，即使是在大白天也是如此。有些青少年已经正式退学，有些青少年则从未报名入学，还有一些报了名却从不露面。相反，他们生活在一个犯罪、非法交易、出售违禁品和肉体的地下世界。有些青少年交易毒品，有些青少年贩卖枪支，还有一些则出卖自己的肉体。在他们的生活中，很少有成年人能够充当其家长或监护人的角色。对于很多青少年来说，他们世界里的成年人要么因为选择或命运不济而殒命，要么被毒品、罪犯、警察或者贫困导致的健康危机带走。幸存下来的成年人，对于这些在街上惹是生非的孩子来说，几乎毫无助益。这群冷漠的成年人中还有一群特别铁石心肠的人，他们利用青少年充当虾兵蟹将，让他们执行危险的和盘剥性的任务。

在美国的这个社区的青少年拉帮结伙，相互保护。这些街头帮派为青少年提供了集体安全感，也让他们有机会说一些虚张声势的话。但是，这种安全感和虚张声势一样都是虚幻的。这里的许多孩子无法四肢健全地活到 20 岁，而活下来的许多孩子又被长期关押在监狱里，在那里他们将学到各种更有效的破坏社会稳定的办法。

我们的科幻故事可以通过记录这个社区失去的一个又一个孩子的悲惨故事来展示这一切。有些孩子因为暴力事件、过量吸毒和犯罪行为而迅速断送了前程，有些孩子则逐渐心灰意冷、失去希望，进而放弃了未来。

然而，真正令人震惊的时刻是当你把镜头拉远后，把这个社区放在全球视角下。我们看到了这个社区所在的城区（包括郊区），这个城镇所处的国家，以及这个国家所处的世界。事实证明，这个被毁掉的社区并不仅仅是一个蓬勃发展的社会中的一小块绝望之地。在全世界各地，被毁掉的社区汇聚在一起像海水一样，冲刷着为数不多的几个戒备森严的、令人望而生畏的富裕岛屿，在那里，孩子在各种零食和电子娱乐上虚耗着自己的青春。在城区周围的农村地区很少有年轻人，因为那里没有任何东西吸引他们。当镜头掠过世界时，它揭开了这一场景的很多不同版本：一个同质化的地球村，这个词既不能让人联想到文明的进步，也无法让人联想到友好的亲密感。

回到当下

我不是科幻作家，我无意于创作什么寓言故事。庆幸不会因此而拉低本年出版的科幻小说的整体水平，因此，我要变更叙述的方式。但是，如果说这对我们的文化而言可能是个小小的好消息，那么围绕它的则是一些更加严重的，乃至非常糟糕的坏消息。可悲的是，对于我们当今的社会来说，我们不需要科幻小说来呈现我刚才所描绘的生活环境。我刚刚所描绘的“未来主义”虚构梦魇中的每种情形和每个事件在我们当下的生活中都可能频频遭遇。而且，这种状况呈现出迅速增长的态势。事实上，在过去的50多年里，这样的状况如雨后春笋般大量涌现，对这一趋势更准确的描述是“保持稳步增长”。

任何每天听新闻的人都可能听说过与我前面所描述完全一致的情形和事件。我们可能认为这样的事件是反常的、孤立的不幸事件，仅限于特殊的人群或不寻常的环境。这种令人欣慰的感受可能仍存有一丝丝真实性，但随着时间的推移，这种真实性正在逐渐消失。

事实上，真正的坏消息是，有关青少年发展的环境和前景的消息都很糟糕。正如我将在下面阐明的那样，美国青少年的所有健康和行为指标实际上都在逐年下滑，这种情况已持续超过一代人的时间。没有一项指标得到改善。

让我们从青少年暴力开始讲起吧。从1970年到1980年的10年间，在居住在美国的青少年中，凶杀案的发案率增长了一倍。在接下来的7年里，这一数字又翻了一番；到1992年，这一数字仅用了5年时间就又翻了一番。据美国国家儿童委员会报道：“现在，美国死于枪伤的十几岁的男孩人数，比自然死亡的十几岁男孩人数还要多。”女孩子也未能幸免，她们既是暴力的受害者，也是肇事者。现在几乎每天都有这样的新闻报道：

佛罗里达州西棕榈滩警方表示，一名13岁的女孩开枪打死了一名出租车司机，仅仅为了逃掉6美元的车费。约翰·英格利希中士说，在审问过程中，这名少女出奇地平静。“没有眼泪，只有冷冰冰的表情。”他说，“我们说的是一名13岁女孩，她犯下了一起冷血、有预谋的谋杀案，但是她却没有表现出任何悔恨之意。这令人感到毛骨悚然。”

我并不是通过广泛的调查才发现这桩轶事的：我只是随手拿起了身旁桌子上的报纸，并确信上面会有悲惨的事件发生。结果，它真的发生了。当我修改这一节内容的时候，我也随手翻了一下报纸，结果我发现了以下几条消息：

教室里，两个孩子用枪指着一名高中女老师，抢走了班上为野餐活动筹集的近400美元。周一，一名12岁的少年在抢劫财物时被当场抓住，他向抓他的人开枪射击；伙同作案的第二个孩子带着大部分现金逃走……在被警方抓获之前，这名12岁的男孩还向副校长开了火。人们在附近的灌木丛中发现了一把麦格农左轮手枪。

我随手拿起当天的《纽约时报》，这样一则报道赫然入目：

《芝加哥再次发生令人痛心疾首和难以置信之事：
又一名11岁少年被控谋杀》

这篇报道的主要对象是一名被捕的绰号为“青蛙”的男孩。他夺走了一名80岁老妇的拐杖，并对其进行殴打，最后他用菜刀割断了她的喉咙，并绑住了她的手，任由她死在卫生间的地板上。这篇报道在标题中提到“又一名”的原因是，早些时候，11岁的芝加哥男孩罗伯特开枪杀死了一名14岁的邻家女孩。此后不久，罗伯特自己也命丧黄泉——根据警方的说法，他的两个十几岁的兄弟假借正义之名处决了他。

任何一名城镇医院的实习生都可能目睹那些遭遇恐怖袭击的人所遭受的杀戮。周末晚上，许多城镇医院的病房就像战地诊所。医生和护士照顾着昔日四肢健全的青少年，而现在，即使他们有幸活了下来，他们也将终身残疾。目睹枪杀现场的青少年也深受影响。1994年春天，一名15岁的女孩在国会发表演讲时泪流满面地说：

现在的情况太糟糕了，我都不敢在白天或晚上离开家门。我的一个朋友被枪杀了。当时他就站在我旁边，有人朝他开了17枪……我意识到悲剧不是只发生在坏人身上，它也可能会发生在你身上。

向这些孩子开枪的绝大多数也都是青少年。这一严峻事实本身就意味着另一个严重问题。如果一个青少年杀了人，那么他（或者她：女孩在暴力犯罪方面正在迅速赶上男孩）未来会怎样呢？同样，一个青少年帮助别人杀人又会怎样呢？目前另一个令人不安的趋势是，在过去5年中，青少年犯下的谋杀案数量翻了一番。由于青少年人群中的系统性暴力犯罪是一个新现象，我们对那些参与这种可怕活动的人的最终命运知之甚少。这些孩子会有什么样的社会关系呢？他们会有什么样的自我认同呢？他们将来的人生目标是什么呢？

暴力伤人只是孩子们越来越频繁涉及的致命危险因素之一，而很多没有忙于“摧毁”他人的青少年却正在逐步“摧毁”自己。一些人只是通过滥用药物间接这样做，而另一些人则是通过更加直接而明确的方式。

20世纪60年代，我们青少年的自杀率是每10万人中有3人自杀，以传统的全球标准衡量，这一数字也显得过高了。到了20世纪90年代，每10万人中是11人，与成年人的自杀率大致相当。1993年的一项调查发现，20%的美国高中生有自杀的打算，其中一半人曾有过实际尝试。研究报告还指出，这一比例在短短3年内就翻了一番。自杀现在是我们社会中青少年死亡的主要原因，仅排在意外事故之后，一直遥遥领先于凶杀——尽管后者正在奋起直追。没有什么迹象比自杀更能直白地表明青少年的士气低落。

另一些相关指标也同样令人沮丧。美国每年有100多万名少女怀孕，其中很大一部分人都是婚外怀孕，而且这个数字还在稳步上升。美国有大约1/3的婴儿都是未婚妈妈所生，这主要是因为少女早孕现象的频频出现。许多未婚的少女妈妈初尝为人母的欢乐，获得了暂时的情绪提升，一些人设法利用她们的大家庭资源来担起育儿的责任。但是，总体而言，这对母婴的长期影响是非常负面的。事实上，近年来，一些著名的社会分析人士指出，未婚少女生育率的增加是导致社会解体的根本原因之一，而我们的很多社区现在都在遭受这一困扰。

几年前，美国青少年的吸毒率稳定了下来，尽管它仍然处于较高的水平。最近一些尚未公布的指标显示，某些毒品的使用率可能会再次增加。其他类型的青少年犯罪率也一直在持续上升。我在前面提到了有关青少年暴力犯罪的数据。在20世纪60至90年代里，青少年抢劫和破坏公物的案件数量迅猛增加。毫不意外，因犯罪而蹲监的青少年人数每年都在增加。现在，有为数不少的青少年认为坐牢是必然之事，你避无可避，只能选择去适应它，就像定期去看牙医一样。刑事犯的平均年龄一年比一年年轻。

此外，还有一些不起眼的指标表明了青少年的冷漠和懒惰。就个体而言，这些指标看起来并没有那么糟糕，但对整个社会来说却是灾难性的。各地的教师都在抱怨他们现在的学生存在诸多行为问题。在我撰写本书时，很多社会阶层中的青少年赌博上瘾人数已开始激增。伴随赌博而来的是一系列不正常的社会和个人行为，包括小偷小摸、大肆举债、习惯性欺骗和睡眠时间紊乱。

除了那些沉迷于赌博和其他上瘾活动的人，今天的青少年中还有很多人昼夜不分。学校辅导员抱怨说，这一代年轻人存在前所罕见的严重“睡眠问题”。现在，很多学生上课都会迟到，以至于高中不得不特意安排课程来帮助习惯睡过头的学生。大学生们在早上第一节课往往很难全部到齐。如果必修课程安排在大清早，学生们就会怨声载道。许多教授拒绝安排与学生的早会，因为出席的人寥寥无几。我听一位大一的教务长说，一些学生在第一学年的大部分时间里都是一直睡到中午才起床。

总的来说，与 20 世纪 60 年代前的学生相比，我们现在的学生的读写和数学计算能力都要低得多。美国每年有 50 多万名学生从高中辍学，而且通常看不到其他好的选择。我们的大多数高中生无法在世界地图上找到希腊的位置，计算不出他们的开支中有多大比例的钱花在了学校午餐上，而且对于老师没有要求阅读的书他们从来不会去看。

我们的青少年是如何打发他们的空闲时间的呢？在一周内，美国平均每个孩子每天看 4 到 5 个小时的电视。在上学期间，他们只有大约 6 到 7 个小时的空闲时间（除了用餐、洗澡和穿衣等）可自行支配。在周末和假期，由于有更多的空闲时间可供支配，美国每个孩子平均每天看电视的时间在 7 到 9 个小时之间。有鉴于此，这个事实也就不足为奇了：美国儿童肥胖率在过去 15 年里上升了约 98%。根据一家大型卫生组织的说法，当今美国孩子们的身体状况比历史上任何时候都要差。

这些士气低落的指标——违法行为、教育的失败以及时间和人的潜能的浪费——并不仅限于生活在贫困环境中的青少年。现如今，愤愤不平和士气低落的年轻人广泛分布在我们的富裕地区和贫穷地区。我将在本书中阐明，尽管这个问题在不同的经济条件下可能有不同的表现，但从本质上来说它们是同源的问题。

在各种社区中的父母和教师都表示，孩子们的问题变得越来越严重，也越来越难以纠正。一份比较 50 年前后教师们担忧的问题的报告曾被媒体和《国会议事录》广泛引用。该报告称，在 1940 年，教师们最担心学生咀嚼口香糖和其他不守纪律的行为；而在 1990 年，教师们最担心的是暴力、毒品和撒谎。由于这种比较并不具有系统性，因此我并不完全相信这些数据，也不会在这里正式引用这些数据。但是，在 1976 年至 1989 年期间，一项精心设计的调查父母和教师们持续观察结果的研究项目得以实施。研究结果于 1993 年 11 月发表。研究结果显示，在这项研究持续的 13 年期间，所有年龄段的孩子们，无论性别是什么，其行为表现都出现了下滑。根据父母和教师们的说法，在 1989 年，孩子们更有可能“毁坏别人的东西”，与那些喜欢惹是生非的人待在一起玩，功课做得很糟糕，“不活跃”“发牢骚”“闷闷不乐”“固执”和“易怒”。那一年，有更多的学生喜欢说谎和偷窃；有更多的学生被留级一年；有更多的学生没有朋友；有更多的学生有慢性但轻微的身体疾病，如频繁的胃痛。那一年，有更少的孩子参加体育运动或其他健康的户外活动，有更少的孩子能发现什么是真正吸引他们的活动（包括教育）。

我在这里引用的都是与美国有关的数据。值得称赞的是，美国联邦政府完好地记录了各种社会指标，尽管它未能采取太多有力的措施来遏制这些指标的下滑。但是，在未能完整记录相关数据的国家和地区，也存在诸多问题。我在这本书中讨论的危机如今正在全世界蔓延。我们通过媒体听到了最生动的故事：英国有孩子在体育活动中杀害其他孩子，南美有离家出走的青少年从事吸毒和卖淫活动，欧洲有醉酒青少年闹事，德国的光头党帮派猖獗，日本青少年流行自杀，全世界各地的暴力和盗窃活动日益猖獗，帮派成员日益增多。而且，与美国一样，世界各地还上演着一些没有那么引人注目的故事——这些故事的共同点是它们都给人一种更加不祥的预感。用一位英国社会科学家的话说，欧洲的青少年“正深陷泥潭”。他们精神沮丧，自暴自弃，追求着错误的目标，或者根本没有目标。在我们本该牢牢地把握现在，充满希望地迎接未来的时候，却出现了文化真空。

成长之难，成长之易

综观当今世界，青少年成长的环境大相径庭。借用米尔布里·麦克劳克林（Milbrey Mclaughlin）的一句话来说，一些青少年的生活就是在“躲避子弹”中度过的。这些孩子上街闲逛或放学回家，都需要冒生命危险。他们在很小的时候就遭遇了恐惧；暴力总是萦绕在他们的脑海中。在学校美术课上，当他们被要求画一幅画，或者在语言课上，当他们被要求讲一个故事时，他们的主题可能是某人被枪杀。其中一些孩子们的父母还会做出虐待行为，在这种情况下，他们在家里的生活与他们在街上一样危机四伏。有些孩子根本没有负责任的父母。在他们的家里或社区里，没有人花时间或有能力引导、保护他们，或为他们提供建议、指导、安慰或培育。一些孩子仅仅被当作谋利或取乐的工具，而不是需要抚养的孩子。甚至他们的友谊也被证明是刻薄的、具有剥削性的。

在经济生活的另一端，当今世界还有许多孩子拥有昔日王公贵族才享有的特权。他们真的是锦衣玉食，生活无虞。他们拥有自己的卧室，卧室里堆满了各种玩具，他们的生活充满了各种娱乐活动。他们的父母给他们提供了一切最好的东西。除了尽情享受生活之外，父母对他们几乎没有任何要求。如果他们想要什么，只要张张嘴，他们就可以得到——特别是当他们极力要求的时候。

这两个极端似乎暗示着两个完全不同的、注定永远不会相交的儿童世界。在不同环境中长大的青少年似乎走上了不同的道路：一些人走向了灾难般的生活，另一些人则获得了奢侈和安逸的生活。乍一看，这就像是一个古老的故事，是一个关于两个不同社会（一个是贫穷社会，另一个是富裕社会）的故事。

如果这就是全部的故事，那就太令人震惊了。这将意味着，我们的青少年中有很大一部分人只有一个暗淡的现在和一个很可能同样暗淡的未来，而另一部分人则沉浸在安逸和过度的特权中。这不是一个新鲜的故事，但却是一个令人遗憾的故事。而且，随着时间的推移，这一点变得越来越让人无法忍受。现代通讯技术让你无法忽视贫穷的孩子们的照片，他们几乎没有什么技能可以展示，只有愤怒和绝望的眼睛。

然而，这还只是我们当前所面临的艰难困境的一部分。现在，一个地方的成长环境与其他地方的成长环境存在千丝万缕的联系。在经济、文化和信息方面，世界正变得越来越紧密。在一个现代媒体创造了普遍的人类意识的时代，孩子们的不同世界已经连通起来了。

在当今世界，青少年的问题并不是孤立存在的。在常常会有孩子被杀害的地方，其生活环境可以说是比孩子可以在学校和商场里随意闲逛的地方更恶劣——事实上更致命。我并不想模糊这一区别，也无意于低估我们最贫穷的孩子的苦难。但是，在当今世界，所有的成长难题都在不断削弱青少年的思想和道德。而且，这些问题往往是相互交织的，昨日还安全的地方今日已遭受到——从内到外——青少年破坏行为的威胁，而这些破坏行为已破坏了我们的市中心。这些问题产生于同样的文化真空，一旦孩子们意识到社会中其他孩子是如何生活的，这些问题就会相互助长。在一段时间内，封锁郊区街道不让外人进入或许是可能的，但在现代社会中，没有一堵墙可以阻挡人们看清现代社会的真相。

贫富的差异让社会各阶层中的青少年均产生了相似的愤世嫉俗的态度。对于一个关心孩子的品格的社会（任何不关心这一点的社会肯定会走向灭亡）来说，抛弃一部分青少年，同时让另一部分青少年坐享各种特权，这是站不住脚的。这在生而为人的意义和群体归属感的含义方面会给成长中的孩子传递什么样的信息呢？在个人和社会责任方面呢？在他们敬重的长辈传递的价值观和理想方面呢？

也没有任何障碍可以阻止文化信念和实践塑造孩子们的心灵。那些指导我们育儿实践的错误观念在富裕环境和贫穷环境中一样随处可见。更重要的是，在现代世界的每个角落，人们都在降低对青少年的要求标准和期望。正如我将在本书后面章节中阐明的，现在世界各地的青少年都缺乏指导。他们很想听听别人的指导意见，但是没有人说话。

过往的故事

时不时地反思过去能让你清晰地洞察现在。不久前，我第一次读到约瑟夫·康拉德（Joseph Connrad）在19世纪和20世纪相交时写的一篇名为《青春》（*Youth*）的短篇小说。这篇小说让我开始关注一些令人不安的感受，这些感受已经困扰了我一段时间，但是我一直无法将其表达出来。这是一篇航海故事，它像一瓢冷水在昏昏欲睡的早晨将我泼醒。

康拉德的这篇小说讲述了一名年轻水手第一次出海作业的故事。这次航行的目的地是东方，这是一段充满危险、辛劳和不适的漫长旅程。多年后，当这名水手人到中年时，康拉德让他用第一人称讲述了这个故事。

如果冷眼旁观，这名年轻水手的第一次航行看起来简直就是一场灾难。这艘船年久失修，“上面满是灰尘、铁锈和污垢——桅杆顶上的烟尘和甲板上的泥星”。它经常漏水，需要频繁、费力地抽水。船上到处是老鼠。出港两天后，它与一艘轮船相撞，不得不返回港口修理。这样那样的挫折导致这艘船迟迟无法出港。当它最终再次出海时，突如其来的暴风迫使它又回到码头停留了很长时间。后来在出海时，船上的货物——煤炭——自燃起火。他决定继续前行，这意味着他将在刺鼻的烟雾中生活数周时间。这已经够悲惨了，但事情仍旧是每况愈下。闷燃的煤最终爆炸，这名年轻水手的船着火沉没了，他跳到一艘救生艇上逃生。他在无遮无挡的救生艇上日晒雨淋，经过数天挣扎，才好不容易来到了亚洲的一个港口。

在这次旷日持久的不幸遭遇中，男孩的态度是怎样的呢？他对一路上的每一次经历都感到很兴奋。他在讲述过程中几乎无法抑制他年轻时的那种兴奋之情。他回忆说，在旅途中最黑暗、最凄凉的地方，他一直在想："下一步怎么办？……这太棒了！当时的我年轻力壮，很有耐心，我的前面就是东方和全新的生活，我在那艘船上经历了生死考验，却安然无恙。"

他接着说："……你说说，那难道不是最美好的时光吗？那时候我们还没有什么出海经验；年轻，而且一无所有；大海给不了你任何东西，除了重重的打击，但是有时候它让你有机会感受到你自己的力量。"坎坷重重的航程却给了这个男孩无限的惊喜和自豪，让他有机会在出现的每一个困境中考验自己。

当然，康拉德的这篇作品是虚构小说，而不是科学作品，其中夹杂着浓浓的怀旧气息。然而，即使是来自另一个时代的浪漫幻想作品——特别是当这个时代与我们现在的时代如此不同的时候——它也可能发人深省。当然，那个时代也不是非常久远，也就是三四代人以前，即将步入现代的时候。

实际上，事情发生了很大的变化。对于今天的青少年，我们可以讲述他们的很多故事，这一个一个故事就像他们所处的生活环境一样多种多样。其中有些故事是圆满的。现在的很多青少年适应力强，心地善良，而且精明能干。但是，他们的故事中没有多少能传递出康拉德笔下的那位年轻水手的蓬勃朝气、自信心、冒险精神和真诚希望。现在的青少年也很少有人展示出那样清晰的目标感。事实上，很少有青少年会对切身利益之外的事情表现出持续的责任感或毫无保留的献身精神。

现在的青少年很少能够展示出“雄心勃勃”地面对这个世界的形象。尽管这个词现在显得有些过时，急功近利——或者，更糟糕——争强好胜。然而，如果不是这种雄心壮志，那又是什么驱使世世代代的青少年勇敢迈出第一步，在充满不确定性的环境中砥砺前行，为自己和同胞创造更美好的未来？现在，即使是那些走在正确道路上的人，似乎也羞于谈论自己的目标，惮于畅想自己的未来前景。

康拉德叙述的故事给我留下了深刻的印象，这倒不是因为它代表了青春应有的样子——毕竟，这只是一个男孩的人生故事——而是因为它与我熟悉的当代社会的青少年形象大相径庭。这个故事彰显出的精神在当今青少年身上很难找到。然而，奇怪的是，康拉德叙述的故事听起来仍然真实可信。它就好像构成了一个自然的类别，定义了一个经典的，我们将永远传承的青少年精神，尽管现代社会的生活早已让其显得不合时宜。

然而，我希望并相信，这将被证明是一个强有力的、最终的结论。康拉德笔下的水手所表现出的青春活力是罕见的，但并没有绝迹。今天有一些青少年确实有清晰的目标感，还有许多青少年在努力发现自己的目标。即使是那些看起来迷失了方向的人，也拥有我们青少年天生就拥有的潜在的活力、智慧和勇气。

然而，仍然有太多青少年士气低落。当军事战略家发明心理战的概念时，他们首先采用的战术之一是挫败敌人的士气。挫败敌人的士气有两种战术。你可以败坏敌人的道德情操，也可以粉碎敌人的希望。无论你采取哪种战术，敌人获胜的意愿都会减弱。他们的勇气和活力将会丧失；失败主义态度将迅速演变成一种自我应验的绝望感。很多军队懊恼地发现，如果成功实施，这将是一个有效的战略。但是，实施的条件必须是适宜的，强行实施往往会适得其反。如果军人（或平民）相信他们的事业是正确的，那么艰苦、威胁、残暴和宣传只会让他们更加紧密地团结起来，充满抗争到底的决心。

我并不打算用这个比喻一直说下去。虽然在我将要讲述的故事中有很多伤亡事件发生，但是这里并没有真正的敌人。没有人发动战略攻势来打击我们青少年的士气。

但是，“士气低落”这个词确实很适合用来形容我在当今太多青少年身上看到的东西。尽管它的出现往往是因为好心办错事，而不是因为敌意的算计，但其效果大致相同。许多青少年的特点包括对道德价值观和目标的愤世嫉俗的态度；对生活的失败主义态度；对未来缺少希望；缺乏勇气；以及对他人和自己不信任。最重要的是，许多人表现出缺乏目标、责任和奉献精神，一句话，就是没有精气神。

再次回到现在：青少年、科学和社会

在整个职业生涯中，我一直是一名社会学家，我珍视心理学、人类学和社会学方面的伟大著作为我们提供的有关人类发展的真知灼见。但是，每一个有效的见解，都伴随着很多谬论。而这些谬论又反过来引出了有关青少年本质以及如何充分发挥青少年潜力的有害结论。其中有些谬论是由大众媒体的歪曲报道引起的，它们为了吸引大众市场，对一些复杂的问题进行了过度渲染和简化；有些谬论则是由错误的研究导致的，这些研究指向的是先入为主的社会政策目标，而不是客观的科学标准；还一些谬论则是由现代育儿专家们提出的，他们只是不假思索地复制了流行文化的偏见和错觉。

对于一个关心科学真相的人来说，最痛苦的经历莫过于看到一个好的想法被扭曲得面目全非，并遭到滥用。正如我将在

第 5 章论述的那样，近一个世纪前提出的对儿童早期发展采取“以儿童为中心”的方法的概念是一项科学突破。它让我们看到，孩子们并不能简单地等同于“小大人”，他们对世界和他们自己的发展需求都有自己独特的视角。它使我们认识到孩子们与生俱来的强大技能和秉性。它开启了重要的发现之门，让我们可以发现孩子们如何学习概念，他们的价值观和性格是如何形成的，以及我们如何才能最有效地促进这种积极的发展过程。

以儿童为中心的立场不仅有助于我们更准确地理解孩子，也有助于我们改善保护和抚养他们的行为。它让我们有动力去废除剥削童工的法律。它创造了互动的教学形式，使学校和其他教育环境中的师生之间能够进行更好的沟通。它使我们非常敏感地认识到，虐待、贫穷和有病不治会对孩子们产生怎样的危害。

但是，如果被滥用或断章取义，任何真理都可能变成一种残酷的自嘲。在我们生活的时代，“以儿童为中心”的道德规范已经成为各种放纵式育儿方法的正当理由。正如我将在第 5 章中论述的那样，它现在已成了教育工作者的战斗口号，他们取消了课堂上具有挑战性的知识内容和严格的标准。它催生了各种骄纵孩子的学说，阻碍了父母在家里执行始终如一的管教方法。它把我们的注意力集中在难以捉摸的情感如孩子的自尊上，而不是实质性的骄傲之源如成就或责任上。最终，曾经很有价值的以儿童为中心的假说被用（或滥用）来鼓励今天的儿童和青少年以自我为中心。

这样的例子有很多，它们都属于文化衰落的故事，让许多观察家唏嘘不已。任何文化的核心都是它培养青少年的方式。事实上，“culture”（文化）这个词本身就是从“cultivation”（培养）衍化而来的。自古以来，人们就很清楚，除非我们为后代做好适当的准备，否则任何文化都无法长久存续。在现代，我们已经远远偏离了这种自然倾向；在我们社会的每一个角落，都有迹象表明，我们可能正面临完全失去这种能力的危险。

对我们子孙后代如此严重的威胁怎么会在没有任何警告的情况下发生呢？我将在本书的前几章中论述导致我们目前困境的多重原因。正如我将要阐明的，在这些原因中，首先也是最重要的是一套具有误导性的概念——关于儿童以及什么是对他们最好的做法。我们被一系列相互交织的谬论、错误概念、伪科学论断、未经检验的情绪以及其他许多偏见和曲解所迷惑。自 20 世纪初以来，这些观念已经在现代世界传播开来。它们被大众媒体广泛传播，被误用的科学理论和发现合法化，并得到了在它们之后发展起来的各种机构的支持。

有关青少年的误导性概念，渗透到了我们家庭的育儿实践中；它们渗透到了我们学校的教育实践中；它们渗透到了我们社会的公共政策中。误导性观念来自一种已经对儿童失去引导作用的文化，并反过来助长这种文化。我们的文化重视儿童，但却辜负了他们，部分原因在于，它在让儿童获得技能和知识方面无所作为。更糟糕的是，它让他们失望的原因在于，它形成的文化氛围阻碍了孩子们培养自己的自然美德和使用他们的天然活力，简而言之，阻碍了他们充分发展自己卓越的天性和能力。

现代的错误观念

我们的许多错误观念均始于有关童年本质的真知灼见，形成于对儿童福利的合理担忧。但是，当这些真知灼见被过分简单化或断章取义时，它们就可能会变成谬误。当这些合理的担忧被滥用或不加约束时，它们可能会适得其反。

过去几十年的育儿研究文献向父母们灌输了一系列观念，这些观念往好了说是很容易被人误用，往坏了说完全是误导性的。我在本书中将要讨论的一些误导性观念包括：在婴儿出生的头几周母婴之间的情感连接；儿童天生的脆弱性和不道德性；

幼儿的能力不够；早期的“创伤”经历的危害，如未能完成具有挑战性的任务；父母管教的无关紧要（有些人甚至说是有害的）；“匆忙长大的孩子”所带来的不安；责任的“压力”和取得早期成就的“重负”；成年人需要帮助儿童保护他们的“神奇”思维；提升自尊的价值；以及单一的“以儿童为中心”的方法对教育和育儿的好处。

我们被引导着去相信，以前的大多数孩子传统上有过的经历——辛勤工作、严格的规则、始终如一的管教方法、其他人的宗教庆祝活动、对可怕的生活变迁和生死以及现实的不确定性的了解——可能会伤害年轻人，我们需要保护他们免受这些伤害。我们发现（相当准确地），年轻人有他们自己的观点和价值观，但这种观点却让我们听从孩子的观点，小心翼翼地对待他们的情感，让他们在道德混乱的海洋中毫无方向地漂荡。

在我们所有的错误观念的内涵中，都至少包含有一点点真知灼见。许多错误观念都源自有真知灼见的儿童心理发展研究著作。其中有一些概念至少在传授有关儿童本质的真知灼见或防止使用童工等有害实践方面有一定的价值。但是，每一种观念的外延——也就是与公众意识接触的地方——都严重误导了我们。当然，这不是这些观念本身的错误，而是我们的媒体、众多机构、某些专家以及大多数受追捧的育儿权威大师误用了这些观念。

例如，考虑一下母婴亲情连接的观念——它认为，在婴儿出生后的短暂时间里，母婴之间要么永久性建立必要的、心理上的连接，要么就完全无法建立这种连接。这种母婴亲情连接的谬论是重要的传统“依恋”理论的不合理的衍生物。尽管没有科学依据，这种母婴亲情连接的观念迅速在受欢迎的作家和其他咨询专家当中流行起来，尽管它遭到了严肃的学术界的反对，但它在整个文化中迅速传播开来。不久，母婴亲情连接的观点被用来驱使家庭参加奇怪的分娩仪式，给领养的孩子和残疾的孩子贴上标签，并让忙得顾不上家的父母感到内疚。在第5章中，我将阐明母婴亲情连接是一个欺骗性的观念，是对依恋理论的歪曲。然而，这个观念尽管在科学上不被认可，但在大众媒体上却广为传播。

在带有像《魔法岁月》和《匆忙成长的孩子》这种标题的书中，作者告诉我们童年是玩耍和浪漫的时光，不能被成年人世界的严酷现实干扰。认为这样做会扼杀孩子们初生的创造力；给孩子过重的责任，就会让他们“不堪重负”。给出这样警告的根据，是相信孩子是脆弱的物种，非常敏感，很容易心碎和受到影响。

这一观念可以追溯到浪漫主义哲学家让－雅克·卢梭（Jean

Jacques Rousseau）。然而，在儿童发展研究中，它并没有得到证实。在第 6 章中，我将阐明儿童在心理上是有弹性的，他们生来就具有广泛的能力、美德和亲社会倾向。孩子们能够自发地与他人进行建设性的互动。他们可以培养自己的玩乐精神，他们热切地寻找关于现实世界的信息。他们需要成年人的指导来面对复杂的生活，但不需要屏蔽现实的保护性气泡。

有一种观点认为，如果我们“督促”孩子去实现各种目标，那么他们就会承受压力，负担过重，并不知所措。这与事实恰恰相反。即使在很小的时候，孩子就会发现追求才华、技能和知识是一种令人振奋的经历。他们是积极的、热衷于学习的人。我们越早开始引导孩子学习和实现目标，他们就越会自然地接受。我们越推迟这类活动的时间，他们就越有可能形成防御的心理、适应不良的习惯和毫无建树的兴趣。承受压力的孩子，更有可能是缺乏熟练技能的孩子，而不是在探索和实现目标的忙碌活动中茁壮成长的孩子。

至于创造力，我们的育儿专家谴责了要求孩子们成熟懂事的传统学校教育对天然创造力的破坏。他们的观点是，创造力需要自发的、未经训练的冲动，而这些冲动可能会因为过于严格的管教而被扼杀。他们提出的解决办法是以“以儿童为中心”，小心翼翼地对待孩子们的创造性工作，避免说出任何听起来像是批评或指导的话。他们的理念是，如果要保护儿童与生俱来的天赋，我们就需要采取自由放任主义。按照这种观点，培养创造力需要特别的关注、奖励和许可。此外，这种天真浪漫的想法伴随着一种决然的观点，即孩子们应该只学习他们内在感兴趣的东西：外在的奖励和其他激励均与创造精神背道而驰。

目前，在我们的后现代文化中，这是幼儿教育的主导方式，几乎没有什么好的替代方法。在第 5 章中，我会论述这种方法实际上源自卢梭的过时的观点，并且是对皮亚杰（Piapet）等伟大的心理学家和裴斯泰洛齐（Pestalozzi）、蒙台梭利（Montessori）等伟大的教育家的深奥作品的曲解。现在，我们只剩下在过于简化的观念上形成的大打折扣的教学法。其结果是抑制了孩子们发展真正的才华和技能所需要的鼓励、激励和建设性批评。

孩子们不仅要参与那些看起来轻松有趣的活动，还要参与那些能帮助他们脱颖而出的具有挑战性的活动。为了获得创造性技能，孩子们需要外在的反馈和奖励，就像他们需要内心感兴趣的东西一样。他们必须学会坚持不懈地努力，即使事情变得困难和乏味。从长远来看，当孩子准备好应对创造性工作中不可避免的挫折和单调乏味时，他们才会有最好的表现。

现在，每一位父母、教师和辅导员都确信，建立自尊是解决所有童年问题的“灵丹妙药”。如果孩子们在操场上不受欢迎，那是因为他们缺乏自尊。如果孩子们在学校存在学习障碍，那是因为他们没有自尊。即使孩子们不守规矩、专横傲慢，这也会被归咎于他们缺少自尊。解决这个问题的办法，我们几乎每天都可以在大众媒体上看到：增强孩子们的自尊心。无论何时何地，我们都要向孩子们保证，他们在任何方面都是“非常棒的”。

在第 4 章中，我将阐述自尊是一个毫无意义的概念，它没有实质性的成就作为坚实基础。就像幸福一样，它只能间接地获得。获得幸福的途径，不是通过追求幸福本身，而是通过积极参加活动，培养才华和技能，追求各种目标，不断地超越自我。这适用于儿童，也同样适用于成年人。这是与孩子们沟通的一个特别重要的原则，因为如果他们得到的只是关于自己有多了不起的空洞赞美，那么他们很快就会变得既不信任照顾他们的人，也不相信自己。

特别具有讽刺意味的是，我们有关孩子们发展的错误观念，往往是相互矛盾的。我们一方面强调要增强孩子们的自尊心，一方面却告诉孩子们：他们还不够成熟，还不能承担真正的责任；让他们做一些有用的事情会给他们增添太多的麻烦；他们需要利用空闲时间在繁忙生活的桎梏中“轻松片刻”。通过这种方式和许多其他方式，我们把孩子们当成婴儿来抚养。这尤其具有破坏性，因为它剥夺了他们获得有用能力的机会，从而毁掉了他们可能获得自尊的所有有效途径。也许最严重的是，关于青少年能力不足的荒诞观念会让孩子们变得内向，无法朝着服务他人的方向发展。

在第 8 章中，我会谈论在各个时代和世界各地，孩子们是如何被要求为其家庭提供各种重要帮助的。他们被安排做家务，照顾年幼的兄弟姐妹，并承担照顾老人之责。他们会熟练地干完这些家务活，并从中获益良多。这些家务活让孩子们与其他人，如老年人，建立了联系，而这些人有很多东西可以教给他们。

我们对于“什么对孩子们有好处”和“孩子们适合做什么”存在一些误导性的观念。这些观念让我们心甘情愿地纵容孩子们在购物中心闲逛或在电视机前打发时间，而不是让他们帮忙做家务。现代社会的富裕生活让我们可以按照自己的错误观念行事，免除孩子们的家务劳动。错误的观念和富裕的生活构成了一对邪恶的组合，危害着青少年的发展。

富裕生活和娇惯纵容往往是相伴而生的，对孩子们来说，这就是优越生活不利的一面。父母们往往倾向于让孩子们得到“一切最好的”。不幸的是，有太多的父母将此解读为免除孩子的责任，并给予他们不必要的特权。我们的“时代精神”并不支持这样的观点：对于孩子们来说，真正最好的东西是培养强烈个人责任感的机会。

这种娇惯纵容甚至蔓延到了育儿的核心功能之一：管教孩子。正如我会在第 8 章中论述的，所有青少年都需要积极的、约束性的管教。如果孩子们要学习有用的技能，那么他们就需要自律，以便最大限度地利用自己的天赋。当他们违反社会规则（每个孩子都会时不时地这样做）时，他们还需要遭到坚定和前后一致的管教。在这两种情况下，孩子们同样需要有责任感。然而，在当代育儿标准中，这些做法却遭受质疑。人们普遍认为，孩子们的活力、创造性天赋及其自我意识可能会被太多“传统过时”的管教削弱。现在，有人强烈主张，我们应该跟孩子们讲道理，而不是强迫他们服从；任何形式的服从都应该有内在的动力做支撑。我们害怕让孩子们通过艰苦的练习来学习掌握一项技能，因为我们担心单调乏味的工作会抑制他们的灵性。同样，我们担心严厉的惩罚会挫败孩子们的精神。我会在第 5 章中阐述我们是如何陷入娇惯纵容的错误概念中去的，并阐明它们不利于孩子们的能力和品格发展。

有关儿童本质的谬论导致的最令人沮丧的结果是，我们不会与孩子谈论精神方面的话题。我们的沉默不语源于认为孩子能力不够的谬论。许多人认为，向孩子传授宗教和道德准则是徒劳的，因为他们无法理解这些准则。在当今许多教育环境中，针对孩子们的精神教育已经简化到了让人难以发现其有任何意义的地步。我们不相信孩子们的智力或注意力持续时间足以让他们认真思考超然的价值观。我们会尽量不把别人的崇高理想告诉他们——或者，当我们这样做的时候，我们会感到心中充满歉意。而对儿童发展研究的错误理解又为我们这样做给出了正当理由，因为这种错误的理解认为儿童无法思考抽象的事物。事实上，孩子们对永恒的生死之谜是很着迷的，一点儿也不会因为谈论它们而感觉受到威胁，而且他们渴望参与这样的讨论。正如我将在第 4 章中所阐述的那样，孩子们善于接受精神观念，向往超然的真理。这可以让他们在生活中增强目标感，并获得道德使命感。

就像任何时代的孩子们一样，当现在的孩子们在有目标感的文化氛围中成长时，他们也会有上佳的表现。在现代社会，仍有许多地方具有这样的文化氛围，仍然有许多青少年在茁壮成长。但是，整体的趋势令人感到不安，因为在现代社会，大多数时候这些趋势的方向都是错的。这并不是说现代性本身就是错的，也不是说文化进步就必须与成长中的孩子永恒的精神需求对立。精神需求可能通过一种完全现代的方法得到满足。事实上，唯一现实可行的办法就是这样做。

本书的最后4章从孩子的心理和精神需求以及他们将要继承的现代社会出发，提出了抚养孩子的指导方针。我根据传统实践和现代儿童发展研究成果总结出了这些指导方针。这些指导方针的基础观念在时间上既有追溯性，同时对未来也有指导意义。

这些指导方针与许多现当代的智慧相悖，但这并不意味着我们要回到被我们浪漫化的过去。例如，这些指导方针并没有提倡“棍棒底下出孝子”的观念。它们不建议让孩子回到城镇工厂或家庭农场做童工。它们不建议我们忽视在过去一个世纪里学到的有关儿童内心想法和感受的所有有价值的东西。相反，这些指导方针利用现代的知识和洞察力来呈现一直以来的标准。它们的提出充分借鉴了我们对于艰难成长的儿童和青少年的最新认识。因为今天受到威胁的正是这些孩子，我们必须围绕这些孩子来谈。我们必须帮助他们为未来作好准备。为此，我们必须提出一种新的方法，让它既包含古老的智慧，又有适应时代变化的灵活性。

第 2 章
成长之“易”

时代带给成长的改变

现代生活给世界各地的中产家庭带来了舒适、方便和富足。与历史上的其他时期相比，工业国家中普通家庭的收入可以购买的服务、消费品和电子设备数量已多到令人咋舌。曾经需要耗费大半天工夫的家务活现在只需按下按键就可以完成。电视机和录像机使世界各地的人们都能享受到低廉的、全天候的娱乐。今天，对于许多富裕的人来说，家庭与其说是一个辛苦劳作的地方，倒不如说是一个吃饭、睡觉和玩乐的地方。

当然，情况并不总是如此。直到 19 世纪，对于世界上大多数人来说，家庭仍是社会、情感和物质支持的主要来源。即使是呈上升趋势的美国社会也是以家庭为基础的，这些家庭基本上是作为自给自足的经济和社会单位运作的。许多家庭拥有农场，它需要包括孩子在内的每个家庭成员的协作配合。女孩和年幼的弟弟妹妹在家里忙活。他们洗衣、叠衣、切菜，然后晾晒农产品。年龄稍大的男孩帮着种植和收割庄稼。

在那个时候，很多家庭都会安排孩子做家务活，因为他们认为孩子做家务活是天经地义的。所有家庭成员的共同福祉，甚至生存，都依赖于孩子的贡献。要求孩子承担家务活并不需要酌情考虑，所有关于儿童的社会政策都是在这一经济需要的指导下制定的。例如，在 19 世纪，当我们开办公立小学，实施强迫入学和免费义务教育时，我们强制实行了时间很长的暑假，以便让孩子们在农忙时节帮助父母种植和收获庄稼。现如今，我们的学校仍然保留着漫长的暑假，这表明我们的学校拒绝改变由来已久的惯例。早期迫切需要儿童参与经济活动的一种更可怕的表现形式是，在许多城市工厂使用童工的现象一直持续到了 20 世纪。

现如今，在世界上大多数地方，社会进步的三大动力源泉（科技的发展、富裕的生活和公众对童工剥削本质的认识）将儿童从工作和做家务的义务中解放出来。很多家庭都受益于社会进步的这三种动力源泉，几乎所有家庭都至少受益于其中一种动力源泉。因此，孩子获得了欢享童年的机会，并有时间学习各种各样的技能和知识。

与这一变化相伴的是，我们的社会看待儿童的方式发生了翻天覆地的改变。孩子不再被视为追求家庭福祉的必要手段，相反，他们现在本身成为一种目标，是父母们关心和呵护的对象。父母努力的首要目标是提高孩子的福祉。养育孩子已成为家庭的首要目标。现代家庭的存在是为了养育孩子，而不是反之。家庭不再期望孩子们的经济贡献，而随时准备好将自己的大量资源用于养育孩子的开支。

其中一些资源是经济资源：在 20 世纪 90 年代，美国中产阶级家庭抚养一个孩子到读大学前的平均成本为 18.6 万美元。对于如今出生的孩子来说，念完大学还需要一笔与此大致相当的费用。当今许多儿童享受的另一项宝贵资源是成年人的大量休闲时间，尽管流行的看法与此相左。与历史上任何时期的孩子相比，当今中产阶级家庭的孩子与成年人接触的机会更多，这是因为他们的长辈们已从繁重的辛苦劳作（唯一的例外是“二战”后的一个短暂时期，当时许多母亲既享有现代化的便利，也有低生活成本的优势，这使得她们可以待在家里，不用去工作）中解脱出来。大多数现代家庭都会将很多空闲时间花在孩子们身上。除此之外，他们觉得有责任照料孩子，并使他们开心。在大多数情况下，中产家庭的成年人都可以提供足够的陪伴时间，以确保从孩子出生到童年结束都相当好地履行养育之责。

成年人给予子女这么多年的持续关注，这是历史上没有多少孩子能享有的特权。

在20世纪，孩子社会价值的转变意味着社会对青少年优先事项的考虑彻底重新排序。新的优先事项中蕴含着许多智慧。任何社会的未来都依赖于它的年轻一代。一个社会致力于研究如何以适宜的方式养育孩子，这是自然的，也是开明的。当富裕的生活和社会的进步腾出资源来协助人们完成这项最基本的任务时，那自然是再好不过的。在健康和营养等方面，许多孩子的生活因社会进步的成果而得到了切实改善。

我们不再把孩子看作是经济资源，这种转变使我们的努力重新聚焦于用最好的方式抚养和教育孩子的目标上。因为我们现在认为孩子本身就是非常重要的目标，所以我们的许多社会政策都以他们的福祉为中心。我们的法律和实践开始以“儿童的最大利益”为导向，并取得了许多有益的成果。这种导向使儿童保护法、儿童健康护理以及用于发展儿童智力和体魄的许多场所——学校、博物馆、公园、游乐场等——都得到了极大的改善。现代资源的丰富和我们想利用这些资源来提升儿童福祉的意愿使这些福祉变为现实。

富裕的生活和社会的进步给当今中产阶级家庭的孩子们带来的好处是毋庸置疑的。这对于无数孩子来说无疑是种好运，收回这些好运是愚蠢的。但与许多好运一样，它们也伴随着我们必须提防的风险。然而，许多风险仍然不为大众清楚认知。由于我们还没有学会识别风险，因此我们还没有学会如何规避或控制风险。其结果是，本应拥有美好前途的孩子，却发生了太多的伤亡事件；本应拥有无尽希望的孩子，却有太多人没有完全发掘出自己的潜能。

无论是富裕的生活还是社会的进步，它们都不能给我们提供促进青少年积极发展的灵丹妙药。它们可能会在这一方面提供受人们欢迎的工具，比如宝贵的时间和资源，但它们没有提供如何使用这些工具的指导。而且，它们是有潜在风险的，如果我们不想让它们最终成为破坏性的力量，而想让它成为建设性的力量，那么我们就必须认识到这些风险。这就好比你发明了一台新的机器，它有强大的力量为人类服务，但是它也带有被其光环掩盖的致命副作用。这让我想起了小时候，很多孩子（包括我自己）一连几个小时在鞋店的 X 光试鞋机上扭动自己的脚趾，玩得不亦乐乎。幸运的是，在这项技术还没有造成太多伤害的时候，人们就发现了它的危害。这项技术的滥用最终得到了控制，X 光在医学上的用处让我们冒的险是值得的。

现代中产家庭可获得的营养和医疗保健条件已大大改善，这显然有助于提高他们的孩子的福祉。但是，我们对现代生活方式的其他方面的好处还不甚明了。以娱乐行业为例。在当今工业社会里，孩子们可以享受到丰富多彩的娱乐生活，这在仅仅 50 年前都是不可想象的。即使生活在最糟糕的环境中，孩子们也有很多机会自娱自乐，各种新的视频媒体设备会不断出现。孩子们喜爱的东西不再局限于一两个手工制作、当宝贝珍藏多年的小雕像：现在大多数孩子的壁橱里塞满了各种令人惊叹的小玩意儿、布偶和玩具。几乎每个月都会有针对青少年的新主题公园出现，而且参观者络绎不绝，足以使其成为我们社会中增长最为强劲的行业之一。我们可以随意地购买各种儿童消费品，包括名牌服装和运动鞋、精美家具、特别有趣的美食和昂贵的单车。据估计，美国家庭每年花在孩子们吃、穿、娱乐和度假上的钱超过了 500 亿美元。

孩子们开心地玩乐，这不仅没有错，而且还很对。然而，在当今的世界，我们必须审视儿童玩乐的本质。我们必须从我们为其设定的目标角度来看待孩子们的娱乐活动和他们的消费模式。我们必须研究看电视、炫目的玩具、名牌服装以及在追求这些东西上花费的大量时间是如何影响孩子的能力和性格的。更重要的是，我们还必须确定我们的孩子们在看电视或逛街的时候没有做什么。他们的生活中有没有缺失某些可能有助于他们能力和性格发展的东西呢？现在的孩子在与朋友玩乐时，以及在学校里都学到了什么呢？

当今孩子的美好生活

我们可以先快速看一看20世纪最后十年一个美国中产家庭孩子一天的生活。我要列举的活动和事件是如此平凡，以至于它们可能看起来完全不值一提。这正是我所持的部分观点。实际上，在不知不觉中，我们对青少年的期望已经发生了惊人的变化。在我们对童年和青春期的共同愿景中，平庸已成为常态。这极具讽刺意味，也让人感觉很悲哀，因为青春期一直是，也应该永远是，人一生中最有希望的时期。

从5岁到18岁，中产家庭大多数孩子的生活都是围绕每天大约6个小时的上学时间来安排的。在大多数上学日，这种安排给孩子们留出了大约8到10个小时的空闲时间来处理其他事情。在美国，公立学校每学年通常为180天。这就是说，每年剩下的185天完全由孩子和或父母自由支配，其中包括周末、节假日和暑期。根据我的计算，这意味着美国的孩子一生中有大约1/3的时间是在校园内度过的，有2/3的时间是在校园外度过的，包括放学后的时间和非上学日。当然，我说的是孩子们醒着时的生活。

让我们先从上学日来看一看这位中产家庭孩子的生活。在最近一波对当前学校教育状况的恐慌浪潮中，有许多关于美国和其他西方国家学校教育状况的报告让人不禁有许多遐想。其中一些报告是严厉的批评，另一些报告则表示同情和担忧。较具批判性的报告用这样的字眼来描述我们的学校——“荒漠”“监狱”“市场”和“平庸的避风港”。较为友善的报告则指出了一些敬业但却屡屡受挫的教师仍然具有鼓舞人心的责任感，谴责了这些教师身处的过于集权的、官僚化的和僵化的工作环境。所有的报告都有一个共同点：他们把当代学校教育描绘成了一种失败的妥协，即社会教育青少年的需要，与我们赖以实现这一目标的愚蠢、低效和完全落伍的教育机构之间的妥协。没有一份报告形容今天的校园生活管理严谨、要求严格或令人愉快。

就像所有与人有关的事物一样，不同的学校和学生之间也有很大的差异。我在前面已经指出——这里仍值得重复——我在本书中讲述的是趋势和预兆，而不是想要囊括当今世界上每个孩子的状况。在各地的社区中，仍然有许多勤奋好学的学生，他们刻苦学习，以求充分发挥自己潜能，他们全身心投入到家庭作业、学校报纸、科学博览会项目、运动队、社区服务和表演艺术中。通过参加这样那样的活动，这些年轻人正在获得个人责任感，培养持续专注的能力，以及享受成功的喜悦。仍然有许多优秀的教师和优秀的学校千方百计鼓励他们的学生发现和发展自己的才华。若说这些现象已在我们的社会中消失殆尽，那就大错特错了。但我想说的是，它们已变得非常稀缺。不幸的是，这些趋势已朝错误的方向发展；但幸运的是，我们有能力再次扭转这个局面。

尽管最近对我们学校的批评存在一些思想上的分歧，但人们的言论仍有许多共通之处。人们观察了当今的校园生活，并获得了三个方面的感受。首先，学生是消极的、自由散漫的。其次，他们没有学到他们要在21世纪的世界中茁壮成长所需要的任何知识。在这里，批评者在思想上出现了分歧，有人希望看到学生学会更好地思考，有人则希望看到学生获得更多关于这个世界的知识，还有人认为学生应该两者兼顾。第三，批评者指出，由于长期对冷漠的学生、前后不一致的教学要求以及用来评估学生学习表现和教师教学表现的无效考试感到失望，很多教师变得愤世嫉俗。

对这种混乱状况最新颖、最尖锐的批评之一是西奥多·西泽（Theodore Sizer）描绘的一位名叫霍勒斯的典型教师。霍勒斯在高中任教时显得玩世不恭。霍勒斯对他的学生采取了很另类的“妥协”办法。他与学生们达成的默契是这样的：如果你让我完成一天的教学任务，而不给我带来太多麻烦，那么我就会让你不费吹灰之力轻松毕业。而且，如果你能安安静静地上课，你就能够获得你需要的文凭——高中学历证书。西泽的分析产生了巨大的影响，因为它冲击了人们的认知，每当有真相被揭露时，人们都会产生这样的认知冲击。

现在的学生很容易接受许多像霍勒斯这样的老师给他们提供的妥协条件。我想起了一位高中生，她的家人跟我很熟，在这里我会叫她苏珊。她正是人们羡慕的那种聪明有天赋的孩子。苏珊来自一个重视智力成果的家庭，她也是一所顶尖学校的佼佼者。这个讨人喜欢的女孩没有什么特别令人感到担忧的，但是她的父母却发现她的态度有些令人费解，甚至令人不安。

最近当全家去一个讲法语的景点度假时，苏珊又出现了这个苗头。她已经学了好几年法语。她的成绩堪称表率，她的老师也没有什么好抱怨的。这对父母自然认为苏珊会欣然接受这个好机会，在现实生活中使用法语，磨练自己的技能，展示来之不易的专业知识。他们还记得自己读书那会儿尝试说外语时的兴奋之情。在旅途中，苏珊的父母特意与只会说本地语的当地人交流。

令他们感到惊讶的是，每当有人试图和他们说法语时，苏珊都缄默不语。她不愿说法语，即使这对她的家人有帮助，因为他们从没有学习过法语。她表现得好像听别人说法语或自己发出那些奇怪的元音都是痛苦不堪的事情。苏珊的父母从来不觉得他们落落大方的女儿是害羞的人。他们关切地问她，怎么了？苏珊毫不犹豫地告诉他们，她是在度假，不想做任何让她想起学业的事情。此外，她说，她一直讨厌法语。她的父母表示他们对此感到失望。苏珊有些激动地回应说，为了拿到好成绩，她拼命学习，这难道还不够吗？她熬了四五年，刻苦学习才考上大学，这难道还不够吗？他们到底还想要期望什么？

这对父母希望苏珊从她的努力中收获一些快乐和骄傲，希望她愿意用她的劳动成果做一些有意义的事情，希望她采取积极主动的态度，希望她把这视为完善和提高自己技能的机会。她的父母觉得这段小插曲令人感到不安，因为这不是个例。他们不记得自己的女儿什么时候主动去追求过有价值的东西。她忠实而出色地履行了自己的义务，但是她很少表现出追求更高成就或探索未知领域的热情。

即使在成绩优异的学生当中，苏珊也算得上是佼佼者。在今天的学校里，与她相比，很多同学是如此普通，若没有老师的帮助，他们就无法写出意思连贯的段落，或解出一个代数公式。尽管苏珊显得态度冷淡，但她却是一个可靠的学生，属于少数的幸运儿，很有希望在我们的社会中取得最终的成功。然而，在她的生活中，没有一个成年人——父母、老师或辅导员——认为她发挥了自己的全部潜能。

对于我们太多的孩子来说，学校的活动没有任何意义，与他们的生活完全绝缘。作为学生，他们认为没有令人信服的理由让他们把全部精力投入到老师要求他们做的任何事情上。目前，他们的学校还没有把学科变得生动有趣，足以吸引他们的全部注意力。他们的学校也没有凸显读写和算术技能的重要性，足以让学生意识到他们未来可能需要这样的能力。对于当今的许多学生来说，学校的学习课程——学科问题、解决问题能力、著名的“3R”（阅读、写作、算术）——都被认为是无关紧要、毫无用处却又不得不做的事情。他们表现得敷衍塞责，无精打采，不过是走走过场。

人类发展的一个原则是，随着时间的推移，一个人所做的事情将会决定他成为一个什么样的人。一个人在各种社会关系中的行动、表现和参与程度会形成他的个人经历，塑造他的世界观和习惯。在童年和青春期这段性格形成的时期，尤其如此。

如果孩子把宝贵的校园生活花费在仪式性的、无用的练习中，那么他们就会学到一种空洞的反应模式，这可能会影响他们未来的努力和抱负。对于孩子来说，像履行义务一般的学习并不是一种好的体验。这是一种令人感到压抑的体验。它可能导致学生对学习和成绩漠不关心。

有关学校教育的最新批评详细地说明了我们学校的学生错过了什么。这些学生没有学到数学和科学的基础知识，他们无法在地图上找到加拿大，他们不知道如何写出意思连贯的段落，他们没有埋头认真做功课，他们在体育馆里也没有好好表现，等等。然而，这些批评留下了一个悬而未决的问题，即所有这些在课堂上一连坐几个小时但心理状态却接近停止的孩子到底学到了什么。我想在这里大胆地回答一下：从发展方面来讲，这些孩子正在养成习惯。但是，这些习惯并不能很好地为他们自己或社会服务。这是游手好闲的习惯，以最小的努力得过且过的习惯，是对努力取得成就不屑一顾的习惯。这是偷懒的习惯、愚笨的习惯、任性无能的习惯。

通常而言，我们的学校没有为学生提供激励其智力和道德发展的环境。但是，现在有一种倾向将当今社会的一切问题都归咎于学校。学校是社会不可分割的一部分，它并没有与我们这个时代的文化隔绝。学校只能反映决定我们整个文化的优先事项和价值观。此外，正如我已经指出的那样，孩子们的学校生活只占其醒着的时间的大约1/3。在孩子们剩下的时间里，他们又学到了什么，错过了什么？

对于当今中产家庭的孩子来说，他们的生活中有一件事是显而易见的——几乎所有占据孩子们非学校时间的活动，都是图自己快乐的娱乐消遣。他们有大量的时间在看充满愚蠢幽默或无端暴力的电视节目。这是不合理的时间安排，因为它浪费了宝贵的时间，这些时间本可以投入到探索世界、培养技能和塑造性格上。今天年轻人可以获得的其他许多流行娱乐项目也是如此，包括传播范围更广泛的电影、视频和 CD。

孩子们参加一些丰富生活和增进友谊的活动确实有一定的价值，特别是当他们充满活力和智慧地参与进来的时候。我不想说现在的所有娱乐活动都有问题。例如，对那些愿意全身心投入的孩子来说，音乐和舞蹈课、运动队和各式各样的青少年俱乐部无疑都是值得参加的。与朋友们一起玩耍的时光有益于你的发展，让你获得重要的情感满足。然而，当我们考虑孩子们的课外生活总量时，我们就会惊讶地发现，他们把太多的时间浪费到了无聊的娱乐上。同样令人吃惊的是，他们在满足他人需求的活动上投入的时间和精力少之又少。

综观历史，在非工业社会的很长时间里，人们传统上都指望孩子在家中和社区里帮忙。他们在厨房里打下手，照顾生病的人和年迈的老人，照看婴儿和年幼的弟弟妹妹。他们帮助大人跑腿、做家务。这些都是再正常不过的事情，它们给家庭和孩子都带来了很多好处。对于家庭来说，它减轻了忙碌不堪的大人们的压力；对于孩子来说，好处看起来可能不那么明显，但却具有深远的意义。帮助家人做力所能及的事情，能培养孩子的个人能力和社会责任感。这些品德是孩子性格发展的核心，孩子们越早获得它们，就越能够茁壮成长。

在我们的社会中，父母通常有三个理由解释为什么他们不要求孩子帮忙做家务活。首先，他们说教孩子做对事情比他们自己亲自做更费事。其次，他们担心孩子已经被现代生活的各种活动和要求压得喘不过气来，给孩子额外增加负担会增加情感上的负累，孩子需要更多的时间从他们的高压生活中放松下来。第三，他们相信孩子有“权利”享受他们自己的时间——孩子们有自己的事情要做。要求他们放弃自己的时间，去做其他事情，这多少有些不公平。

这些观念在现代社会中无处不在。它们在专家和知识分子当中的流行程度并不亚于在普通人当中的流行程度。在最近一次关于人类发展的高级别学术会议上，我听了一位著名经济学家的演讲，他的主题就是孩子帮忙做家务活的问题。这位经济学家的结论是，父母要求孩子们做任何家务都是不合理的，因为（从经济学的角度讲）这种要求的代价（唠叨、斥责、对孩子们搞砸的事情重新返工）远远超过父母从中获得的好处。这个经济学结论被心理学、语言学和认知科学等学科的专家们默默接受了。事实上，他的分析甚至引起人们热烈讨论尊重孩子的时间的新方法。在这场讨论中，一位发展心理学家说，在一个家庭里，孩子的时间和父母的时间同等重要。因此，如果要让孩子暂停自己的活动去做家务活，那么他们就必须得到公平的补偿——这就是说，要给予物质奖励。与会人员对此均无异议。相反，一些与会者感叹说，孩子的生活现在变得非常忙碌。另一位心理学家报告说，现在要想让孩子帮忙做些家务活，父母们可能需要经过一番艰苦卓绝的谈判。他指出，父母要么哄骗孩子说这项家务活做起来很好玩，要么他们更可能自己想其他办法来完成。

在第 4 章中，我将探究父母对期望孩子定期帮忙做家务活感到担忧的根源和合理性。现在，我只需要简单地指出，今天的担忧远远超出了对儿童福祉的担忧，这种担忧源于早期剥削性地使用童工的实践，这是无可厚非的。今天的担忧主要集中在父母的便利、孩子的情感负担以及父母和孩子之间的共识，即公平原则要求父母充分尊重孩子的时间。这些担忧并没有包括对孩子未来发展前景的担忧。

富裕的生活和现代的情感使大多数孩子摆脱了艰辛的生活，这当然是幸运的。与此同时，它们也让孩子摆脱了外界对其时间和精力的要求，以至于努力本身的价值开始受到质疑。努力本身就是一种美德——即所谓的“职业道德”——这种概念正在迅速变得过时，甚至在美国也是如此。在美国，人们曾认为它几乎定义了国民的性格。但最近的学生问卷调查结果发现，只有略多于 1/4 的美国年轻人把努力学习放在首位，而日本年轻人的这一比例约为 3/4。富裕学区的高中老师经常引用当今最聪明的学生们说的话：“随便应付一下，用最少的努力轻松过关，这很酷。”或者，“这就是美国人的方式——用最少的努力获得最好的结果。”

可以预见的是，从这个立场出发的“最好的结果”其实并不怎么好。无论我们从哪方面来衡量——考试成绩、创造性项目或是单纯的求知欲——当今学生们的学习表现总体上差强人意。在课堂之外，除了看电视、逛街购物和偶尔敷衍地上上音乐课之外，大多数孩子几乎无所事事。对于许多年轻人来说，不努力也表现在他们的身体健康上。最近的一篇新闻报道写道：“美国现在的孩子们比起 20 年前的同龄人变得更胖了。”自 20 世纪 60 年代初以来，肥胖儿童的数量增加了超过 1/2，而高度肥胖儿童的数量则翻了一番。这篇报道称：“健身机构和媒体大声疾呼，我们的年轻人成了肥胖的一代人，他们沉溺于看电视和吃薯片时浑浑噩噩的状态而无法自拔。”

在现代社会的许多富裕阶层，年轻人的态度也出现了明显的恶化。这种态度变化的科学研究非常缓慢，但是这种现象并非没有人注意到。近年来，一些充满激情的草根图书如雨后春笋般涌现，这些书通常是自助出版的。这些书警告说，由于父母倾向于娇惯自己的孩子，现在这些孩子的态度明显恶化了。一位作家写道，当今的“聚宝盆孩子”对自己的期望很低，对别人的要求却极高。另一位作家在一本名为《被宠坏的一代》（*Spoiled Rotten*）的书中愤愤不平地写道：

> 这本书源于我对年轻人行为的日益失望……他们的工作和行为道德准则正在以惊人的速度下滑。我对许多年轻人的成就之低感到惊讶，因为拈轻怕重成了他们的不二选择。我厌倦了看到父母迎合孩子们的每一个突发奇想，他们付出了这么多，通常却只能得到少得可怜的回报。

问题的核心仍然是孩子们丧失了为别人服务的意识。就算我们的孩子被培养成世界上最有见识的、最有艺术细胞的和最健康的孩子，这一切也无济于事，除非他们能发现超越自我的一些事，看到除他们自己之外的一些人，并为之作出自己的贡献。即使孩子们比现在更认真地对待他们的数学作业和钢琴课，他们仍然需要培养一种社会责任感。他们仍然需要关心他人，为他人谋福祉，按照共同的社会规则生活，控制自己的行为，培养建立富有成效的社会关系的能力。否则，他们就无法在一个体面的社会里与他人共同生活，也不能把优秀的文化遗产传给自己的后人。

如果不学会服务和尊重他人，孩子们就无法形成社会责任感。没有社会责任感，我们的社会也就不会有未来，可能只需经过一代人的时间，就会退出文明社会的行列。可见，忽视培养孩子为他人服务的意识，是当下社会面临的最严重的威胁。

美好生活，正在悄悄发生改变

除了冷漠、不努力、表现平平以及浪费大量宝贵时间外，当今中产家庭的孩子还面临着一个更严峻的事实。这个事实直接源于他们尚未形成历经无数代人传承的社会责任感。由于有越来越多的年轻人以自我为中心，品行不端，富裕的生活开始变得不再那么安全、舒适和便利。原本轻松的生活正变得越来越艰难，这主要是因为太多的年轻人没有学会接受自己在社会契约中的角色。

年轻人总喜欢调皮捣蛋，这是成长过程中不可避免的事情。但是调皮捣蛋应该是有度的。在追求自己的兴趣爱好方面，许多年轻人似乎都无视道德。一位朋友告诉我一件事：她和丈夫离开郊区的家去进行为期三天的旅行。他们18岁的儿子认为这是一个机会，于是邀请了一大帮朋友和熟人过来举行饮酒派对。我的朋友回到家，发现家里酒气熏天，到处是空瓶子，看起来乱七八糟。然而，让她最为震惊的时刻是她与儿子对峙并察觉他的态度时。这个男孩不愿承认自己犯了什么严重的错误。男孩说，他到别人家里参加过几十次这样的派对，其他孩子的父母都能容忍。

后来有一次，我与家乡警署负责青少年事务的一位警官交谈。这位警官告诉我，像这样趁父母不在家时“大闹天宫”的事情，是青少年最喜欢的活动。在这个小而稳定的中产社区，这位警官每年都会接到几次报案电话，并出警查看“被搞得面目全非”（这么说也许有些过于严重）的家。这位警官表示，他觉得现在的父母不可能会相信自己的孩子在没有监督的情况下会乖乖待在家里。他指出，在他年轻的时候，绝不会想到能出现这样的事。

在每个社会中，都有年轻人在他们的生命早期倾向于追求反社会的东西。他们来自每个阶层，或富裕或贫穷，尽管强大的家庭支持系统确实提供了通常可以防止青少年走上犯罪道路的激励和威慑措施。现在，以前的激励和威慑措施正在失效，甚至在看起来最有能力支持青少年的社会阶层也是如此。结果，曾被视为“边缘化”的行为出现在了我们最稳固的社群的中心。而且，一种新的极其恶劣的行为甚至开始出现在我们“最好的”社群的周围，其可怕程度超过了我们社会历史上任何一代青少年做的事情。

1993 年 7 月，《纽约时报》的一则头版新闻揭示了一个令人不安的发展趋势。这则新闻的标题是《中产家庭居住的郊区帮派成员迅猛增长》。这对于美国的警察和校长来说并不是什么新闻；这对于城市维护服务人员来说也不是什么新鲜事，因为他们一直在负责清除郊区建筑物上与帮派有关的涂鸦，而且频率越来越高。尽管如此，这段内容还是发人深省的。年轻帮派的活动已经渗透到了中产社群。“他们进行各种破坏活动，从涂鸦到破坏公共财物；他们也实施各种暴力行为，尽管受害者更有可能被送进急诊室而不是停尸房。”这则新闻报道称，我们无法从本报道的最后一句话中获得多少安慰——报道最后援引的是一名 17 岁少年的话，他说中产家庭青少年之间的帮派斗殴“正变得越来越危险，它已从拳打脚踢发展到使用剃刀、棍棒和瓶子，再发展到现在的持枪”。

事实上，新闻媒体刚刚发现了一个已困扰警察和社会学家多年的现象。通过帮派实施的青少年犯罪和暴力活动正在持续上升，而且这一趋势没有丝毫减弱的迹象。长期以来，青少年帮派在城市中无处不在，但现在，它开始在曾经安全的郊区迅速发展。郊区青少年的参与并不是什么新鲜事：只是他们的活动范围正在扩大。在过去，每当中产家庭的青少年有从事反社会活动的冲动时，他们就会前往市中心。他们会与城市帮派交易毒品和偷来的物品，他们会在别人的社区里喝酒闹事。而现在，他们正在组建自己的帮派，并在自己的社区开展犯罪活动。

这些犯罪活动与年轻人一直追求的那种反社会活动并没有太大区别，只不过更有组织、更加持久罢了。在匹兹堡市松鼠山郊区的泰勒·奥尔德迪斯高中，学生们在一个系统性的作弊团伙中相互协作。他们买卖作业，偷窃和交换试卷，并将参考书偷偷带进考场。泰勒·奥尔德迪斯高中充斥着如此堕落的气息，以至于一名学生将这种道德规范概括为“作弊有回报”。自然，在新闻曝光后，泰勒·奥尔德迪斯高中的教职员工们感到尴尬不已。但是，这所学校绝非特例。现在，有3/4的大学生承认在读高中时作弊，相比之下，50年前只有1/5的大学生承认有作弊行为。

学校作弊行为既不是早期性格发展的征兆，也不是社会扭曲行为的征兆。学校里总会有孩子们作弊，毫无疑问永远都会有——尽管不会像泰勒·奥尔德迪斯高中的学生们那样频繁地、绞尽脑汁地作弊。孩子们作弊在很大程度上是由环境决定的。在那些高度重视诚实品质，同时为学生提供有意义的工作的学校，预防这种现象发生并不是特别困难。

而对于我们社会现在各个阶层的年轻人的其他反社会行为，我们就不能这么说了。旱獭联盟是由一起打比赛的八所高中组成的联盟，它禁止了一项古老的传统：赛后握手。自联盟成立以来，赛后失败的球队用握手和“击掌”的方式来祝贺获胜的球队，这一直被认为体现了一种良好的体育精神。然而，近年来，这一原本用于展现风度的时刻已变成了双方扭打和相互侮辱的场合。当学校官员意识到这种敌意可能会升级为真正的暴力时，他们禁止了联盟所有比赛的仪式。他们认定，最明智的做法是阻止对阵球队之间的任何接触。

男女同学之间的关系也遇到了麻烦。许多与年轻人打交道的人指出，在当今青少年当中，性骚扰现象呈猛增态势。1993年，美国大学妇女协会（AAUW）的一项调查发现，2/3 的学生——82% 的女孩和 51% 的男同学——表示他们在上学的时候遭到过其他同学的性骚扰。大约 1/3 的女同学声称，她们经常遭到其他同学的挑逗。由于 AAUW 的研究对性骚扰的定义很宽泛（包括眉目传情和说俏皮话等），因此它可能夸大了问题的严重程度。然而，这项研究表明了男女同学之间的关系已恶化到了什么程度。异性恋关系越来越多地成为青少年追求廉价欢愉和展示男子汉气概的场所，而不是亲密或浪漫的源泉。在一些不成熟的年轻人当中，这或许一直是男女关系的特征。但是，今天的年轻人似乎就想变成不成熟的人，而不想成为成熟的人。

最近，青春期前的孩子们当中流行一种叫作“旋涡”的夏日游戏。一群男孩把一个女孩围在中间，并向她慢慢靠近，然后，用一个兴奋的参与者的话来说，“任何事情都可能发生”。1994年，美国全国妇女研究委员会的一份报告这样描述了这种活动：

> 在当地的一个游泳池里，一群男孩围着一个女孩，抚摸她，拉她的泳衣。没有人抗议。救生员心想“男孩终究是男孩”，然后把目光转向别处。这项被称为“旋涡”的有损人格的游戏，已变得司空见惯。大多数女孩宁可在池边晒日光浴，也不愿到池子里游泳。最终，又一个女孩在游泳池里遭到人身攻击。

多年来，年轻人一直把性当儿戏，“旋涡”游戏只不过是在这方面又前进了一步。虽然一些报告称这种行为只与贫困地区或贫穷青少年有关，但事实并非如此。中产社区的孩子们也表现出了完全相同的倾向。最著名的例子是1993年在加利福尼亚州莱克伍德镇发生的“马刺帮”事件。

莱克伍德事件被记载得很详细，很有启发性。1993年3月19日，莱克伍德高中的8名学生被洛杉矶县治安署的警官拘留。这些学生被指控强奸和猥亵年仅10岁的女孩子们。此事吸引公众关注的地方不是一群青少年对另一群青少年实施了性犯罪。事实上，人们早已知道未成年人要为现在的很大一部分虐童案负责。但是，莱克伍德事件确实有一个值得进行新闻报道的转折点。帮派（“马刺帮”）中的男孩们互相比赛，通过性征服游戏来赢得积分。每实施一次性征服就会得到一分，不管女孩是否同意，分数都是一样的——强奸与性爱一样会得分。在性征服游戏中，这群男孩已把他们的女朋友变成了征服的对象。

然而，事实证明，该帮派的反社会行为并不局限于他们的性征服游戏。经过进一步调查，警方还发现该帮派是笼罩这个社区的犯罪活动的幕后黑手。该帮派的成员被控入室行窃、袭击别人、纵火，而且还引爆了一枚20厘米的土制铁管炸弹。据一名成员交代，这枚炸弹是为了杀死他们想报复的一个对象。整个镇上的人们，特别是孩子们，一再被该帮派实施的一系列恐怖活动吓到，比如他们耀武扬威地开车经过别人家门口，就好像要将人撞倒。

在这起事件的所有显著特点中，最具有启发性（也最令人不寒而栗）的特点是这个社区对帮派的犯罪活动已习以为常。这位警官实事求是地说：“这在学校里是众所周知的。这种积分游戏，女孩子们是否同意并不重要。如果她们同意了，那就记上一分；如果她们不同意，也记上一分。”他还报告说，社区里的一些居民采取的态度是“男孩终究是男孩”。

这所高中的校长显然对该帮派的犯罪活动漠不关心，以致他未能根据早期的警告信息采取行动，结果事情被媒体曝光。后来，当遭到质问时，他辩解说：“这不是学校的问题。”该校的体育老师领会了校长的意思，对《纽约时报》说：“你们应该知道，这件事被媒体过分夸大了。”事实上，在记者琼·迪迪恩对整个社区居民的后续采访中，她发现“被过分夸大”成了人们的一种口头禅。她指出，居民们把新闻报道而不是男孩们的行为，看作是该镇的真正问题所在。

由于这个社区的反应并不激烈，这些男孩也就不会把他们的不当行为放在心上。在美国臭名远扬后，他们接受了脱口秀节目的采访，表现得桀骜不驯、傲慢自大。他们被灌输了“自尊”的观念——我将在第 4 章中深入阐述这一点。现在，我在这里引用琼·迪迪恩的深刻的观察结果：

> 男孩们似乎听说过“自尊”这个词，最近一次是在警察逮捕帮派成员却又无罪释放后学校匆忙组织的“道德规范”大会（“约会强奸，说不行就是不行”）上听说的。“我当然对我自己和我的自尊感到满意了。”其中一个帮派成员在著名犯罪纪实节目《日界线》（*Dateline*）上说。另一个帮派成员在《莫里秀》（*Maury Povich*）节目上被问及他是否喜欢自己时说：“是啊，为什么不呢？我是说，我身上有什么地方不值得我喜欢吗？”

“马刺帮”事件是一种反常现象，还是代表了社会各阶层青少年现在的发展方向？这个问题目前还没有答案。就整个社会来说，我们可以改变养育孩子的方式。如果我们不这样做，我猜我们未来可能会看到更多的“马刺帮”事件。

“马刺帮”也不应该被视为社会最边缘的反社会青少年。美国各地警察的记事簿上记录的青少年犯罪活动，可能会让最顽劣的“马刺帮”成员都感到毛骨悚然。每个县的检察官都会告诉你，他在过去几年中调查过的恐怖案件都可以写成一本书，而且这些案件的增长速度还一直在加快。

其中一些案件，但并不是所有案件，获得了媒体的关注和报道。密苏里州一名十几岁的班长伙同两名同学用棒球棍将一名同班同学殴打致死。俄克拉何马城一名16岁的男孩在父母熟睡时对着他们的头部近距离开枪射击。亚特兰大的三名青少年在夜晚长时间折磨一名因多发性硬化症而致残的男子，并导致其死亡。休斯顿的8名男孩和女孩为了好玩，兴致勃勃地拍下了他们自己的犯罪狂欢活动。在一名妇女报警后，他们放火烧了她的房子，砸了她的汽车。在马萨诸塞州田园风光般的罗切斯特，一名15岁的少年承认在一个美丽的秋天夜晚，他冷酷地杀死了他的父母和妹妹。这起可怕的案件让人不由地想起了迪迪恩描述的“马刺帮”事件：男孩的父亲总是用令人宽慰的辩护词“男孩终究是男孩”为自己儿子的长期反社会行为辩护。最近的所有犯罪活动都发生在中产家庭聚集的郊区，由家教一向不错的中产家庭的孩子实施。

根据琼·迪迪恩的报告，“马刺帮”的年轻人还有的来自相当富裕的家庭——他们为自己的家庭优势感到自豪。他们认为自己处于社会中上层，受过良好的教育，有着良好的教养。他们当然没有缺乏父母关爱的苦恼。迪迪恩描写过一个帮派成员的家庭：“根据这家人和其他人的说法，这家人对他们的三个儿子照顾得无微不至……”这个家庭中的母亲哀怨地说：“当我们进入少年棒球联盟，我们是炙手可热的人物……人们会走过来对我说‘你的孩子们真棒’。我也感到很自豪……我一直都是年度最佳母亲。我为我的孩子牺牲了一切。”

本章在一开始指出了现代富裕生活给中产家庭带来的舒适、安逸和安全。然而，在本章最后描述的家庭生活却不再像之前看到的那样舒适、安逸和安全，以及预测了一个充满恐惧和耻辱的未来。中产家庭的梦想发生了什么变化？

事实上，中产家庭正面临分崩离析的危险——这并非像许多人所写的那样是因为他们的富裕生活和物质利益受到了威胁，而是因为他们的后代正在沉沦。在这方面，我们社会的富裕阶层与贫穷阶层同病相怜。在现在年轻人幻灭的旋涡中，这两个社会阶层正在汇聚、打旋。这种相同的困境是一种艰难却不可避免的命运——毕竟，这是我们必须共同生活的社会。只有当我们想方设法地激发出每个年轻人（无论是贫穷还是富裕）的最佳状态，这个社会才会恢复如常。

第 3 章

成长之“难”

青少年成长的悲剧

任何看早报的人都知道，许多生活在贫困社区的孩子们面临着糟糕的、危险的环境。几乎每天都会有孩子被遗弃、虐待或忽视，以致造成永久伤害的故事。我指的不仅是美国或世界新闻中的故事。在几乎每个地方——在我们的大城市，甚至在小镇和农村——我们有一些不那么幸运的孩子在其生活中每天都会发生混乱的事情，而且发生的概率很高。

同样被广泛报道的是，许多年轻人正在给他们自己的家庭、学校和社区造成严重的破坏。现在不仅仅是孩子们被枪杀、虐待和剥削，最令人震惊的是，他们自己也造成了很大的破坏。而且，他们经常彼此攻击。在我们社会的许多阴暗角落里，孩子们不仅是受害者，而且还是最野蛮的犯罪活动的实施者，包括从骚乱到谋杀。

在我撰写本章内容的时候，当天的报纸报道称，本地一名十几岁的女孩在一次驾车枪击犯罪活动中丧生。本周早些时候，同样的报纸还报道称一名 12 岁的男孩遭到朋友枪杀。上周还有其他犯罪活动发生，下周还会有更多的犯罪活动——它们经常交错发生，频繁得让人感到麻木。任何一个星期都没有什么不同，我居住的地区也没有什么不同。一名儿童死于另一名儿童之手的暴力活动现在已是司空见惯的事情，人们听到这类事情时几乎不再有震撼的表情。对于我们这些想要让公众关注这些灾难的人来说，问题不在于找到曝光这些破坏活动的途径，而在于防止杀害儿童的灾难使每个人的情感变得麻木。曾经令人毛骨悚然的事情现在已经变成了一种常态。这样一来，人们难免就会选择置之不理。

1993 年美国国家科学院一份关于许多青少年生活条件恶化的报告直言不讳地指出：“我们认为美国年轻人的问题正在明显恶化，而不是改善。这是人类的悲剧，也是国家的悲剧，它将对我们所有人产生严重的影响。”美国国家科学院并不是一个以夸张手法表达自己观点著称的组织。该报告还总结称：“对于越来越多的儿童和青少年来说——特别是那些贫困的、经常遭到歧视的儿童和青少年——他们的日常生活环境并未能提供必要的资源、支持和机会，以帮助其健康发展，并让其准备好步入富有成效的成年人生活。”

我不想在这里重复一些不幸的孩子们在生活中遇到的危险和困难，这是众所周知的事情。在过去的几年里，记者和社会学家为我们提供了很多文献来记录这些可悲的生活环境，足以让最铁石心肠的公民感到羞愧。如亚历克斯·克特洛威兹（Alex Kotolowitz）的一篇最有说服力的报告，其标题本身就说明了问题：《这里没有孩子》（*There are no children here*）。相反，我在这里只想强调几个事实，这些事实对于这些孩子的发展和我们社会的未来来说是不祥之兆。我也想驳斥一下有关这些孩子及其家庭本质的一些错误印象。在本章的最后，我将提出一些不那么正统的观点，解释哪里出了问题，为什么出了问题。同时，在本书的后半部分，我将讨论我们可以做些什么。

我首先引用一个名叫“阿图罗·莫拉莱斯”（Arturo Morales）的17岁男孩的话。他住在纽约布鲁克林。这句话出自莫瑟·沙利文（Mercer Sullivan）对市中心青少年犯罪的人种学研究报告。阿图罗是这项研究的一个对象。阿图罗主动写下了以下文字来解释他参与犯罪活动的动机：

让我们这么说吧：就在入室行窃之前，我被指控犯有严重的持枪抢劫罪，而且此案正在候审当中。我当时是怎么想的？如果让我用1到10的分数来表示我对自己的看法，而且如果我够幸运的话，那么这个分数可能是“2”。

1. 我不在乎自己是否被警察抓住，我已做好了犯罪的准备。我只会开枪射击，拔刀行刺，但没有害人性命的想法。我会抢劫任何人，盗窃任何财产。

2. 我没有工作。

3. 我没有女朋友或可以依靠的人。

4. 学校，我已放弃了。

5. 家庭，我让他们失望了。

6. 我有一些如胶似漆的狐朋狗友。

7. 我试着从“狗屎运”（一般犯罪）中解脱出来。

8. 我想着做一份工作，赚点钱。

9. 我在无关紧要的小事上浪费时间，总想着干一些龌龊的勾当。

10. 我日复一日地损害自己的身体健康，从不做任何积极的思考。

11. 我几乎把每一分钱都用来获得快感或寻找愚蠢的快乐。

12. 我没有适当的方式度过无聊的时光。

13. 我有 90% 的时间都在社区。

14. 我有 85% 的闲逛时间都是和错误的人在一起。

15. 我认为我有权抢劫和偷窃。

16. 我完全不考虑未来，也不做任何正经的事情，特别是在这么年轻的时候。

17. 我一直在堕落。

18. 我从来不吸取经验教训。

19. 我不知道我所做的一切都是错的，后来我为此受到了惩罚。

20. 钱的问题让我以为很聪明，有一种“搞钱”心态。

21. 我没什么值得高兴的事情。

这是一份不同寻常的文件，倒不是因为这个男孩的感受和动机是独一无二的——事实上，在世界各地，它们被复制了数百万次——而是因为这个男孩在一份意思连贯但却令人沮丧的声明中表达了如此丰富的内容。在他的清单中，这个男孩打开了一扇窗户，让我们了解到了美国贫民区一些青少年的成长方式。他还向我们展示了年轻人士气低落的 21 个表现。

在阿图罗列出的清单中，最引人注目的一条就是谴责生活中缺乏支持性的人际关系。有谁帮助这个男孩走上正确的道路，并在他受伤时安慰他，在他犯错的时候纠正他？他的家人做不到，他也没有女朋友可以做到，他甚至没有遇到过彼此真正关心的人。他只有“如胶似漆的狐朋狗友”，在这种关系中，人们很可能被当作彼此满足和剥削的对象。在一个社会里，如果被当作达到目的的手段，而不是被当作自己的目的，孩子就很难形成对他人或自我的尊重。

这个男孩尊重（和喜爱）的是金钱——尤其是金钱可以带来的即时快乐。康奈尔·韦斯特（Connell West）在讨论那些激发年轻人追求物质富裕而非精神目标的社区时一针见血地指出：“其结果是我们称之为‘当下随机变化’的生活，以及我们一味想要‘征服’的充满偶然和转瞬即逝的生活——沉迷于不择手段获得快乐、财富和权力。”阿图罗很清楚这些物质快乐最终会让人感到多么空虚。然而，这是他年轻时发现的唯一能让他焕发活力的东西。上学肯定无法让他焕发活力，工作也不能。这给他留下了很大的空间追求刺激和其他空洞的目标，经历无聊、犯罪、自毁以及最后的绝望。他承认了这一切。然而，更大的悲哀在于，他没有任何其他生活经历给他的未来留下一些希望。阿图罗的士气低落包含着他对这种空虚的认识。

至少阿图罗能够认识到他生活中缺失的东西。他意识到了某些更高的标准，他可以将自己所处的精神贫瘠的环境与之进行比较。他知道有些事情出了问题，知道有更好的解决办法。否则，他不可能痛恨自己缺乏良好的人际关系、目无法纪以及没有从错误中吸取教训；他知道有不同的生活，否则他不可能抱怨自己“一直在堕落”。阿图罗不允许自己被愚弄，傻乎乎地认为物质主义会带来幸福。阿图罗的话语中有一种机敏和睿智，隐藏在人们对这个野蛮青少年的刻板印象之下——人们认为他是一个彻底的失败者，既缺乏智慧，也没有良知。

这项研究的作者默瑟·沙利文抨击了这种误导性的刻板印象，指出这些任性的年轻人实际上是非常聪明的，具有很强的适应能力：“这些年轻人中有一些人确实行事鲁莽，只为寻求刺激，但是另一些人则表现出了引人注意且卓有成效的独创性。人们认为低下的智力和病态的动机是犯罪活动的主要驱动力，这并不太符合事实。问题显然不在于年轻人的本性，而在于他们的方向。

为什么他们找不到更有前途的方向呢？当想到在贫穷环境中生活的年轻人时，我们首先想到的是物质的匮乏对其健康、教育、社区和前景的不利影响。贫困对年轻人产生了许多有害的影响，这些影响不容忽视，而一些浪漫的社会达尔文主义者却往往视而不见。对于任何年龄段的人来说，当他们周围全是破败的建筑和受压迫的人时，人就会很沮丧，孩子们也不例外。在当今较贫穷的社区，无论孩子的家是什么样子的——各个家庭的情况往往有很大的差异——他们每天都要步行很远去上学，而这些学校并没有让他们从身体上或情感上感受到一丝丝愉悦。他们的社区正在衰败。此外，有些孩子营养不良，有些孩子衣衫褴褛，还有些无钱治病，甚至有些孩子都不知道自己需要佩戴眼镜或助听器。这些都是孩子们学习和发展的严重的障碍。

然而，物质贫乏只是其中一个原因。自古以来，很多孩子都能在极度贫困的条件下健康成长。无论是在美国的历史上，还是在其他许多国家的历史上，移民家庭所能获得的物质资源比现在能接受公共援助的家庭要少得多。尽管他们在经济上处于弱势地位，但是这些较早的移民家庭通常会竭尽全力抚养他们的孩子，以避免让他们惹是生非，并让他们在自己的生活中取得成功。事实上，很多孩子从一贫如洗的家境走出来，最后达到了人生的巅峰，这样的例子并不鲜见。一位发展心理学家总结了这样一个重要的事实："……在这项名为'卓越成就的摇篮'的研究中，作者报告了300多位名人（和成功人士）的童年生活，并得出结论称，在绝大多数情况下，贫穷、疾病、酗酒、父母过世和暴力是他们早期家庭环境的显著特征。"

贫困可能是一种严重不利的条件。对于生来贫穷的孩子们来说，这当然是一种不公平的劣势，但它并不能决定孩子们的命运。如果社会提供其他更基础的有利条件——尤其是社会关系、道德和精神方面的有利条件——那么贫困是可以克服的不利条件。不幸的是，对于当今整个社会的孩子们来说，这些有利条件基本上已无法获得，因为我们的整个文化并没有像以前那样对此给予足够的重视。

我们的文化变迁对富人家的孩子和穷人家的孩子均造成了不利的影响。但是，它对穷人家的孩子造成的伤害更直接、更致命。我们有必要认识到，即使在我们最贫穷的社区，青少年遭到的致命伤害也不单单是由贫穷造成的，而是贫穷和当前的育儿标准和实践综合作用的结果。在富人区，这种不利影响主要是由于标准和实践的误导——但它仍然具有潜在的破坏作用。在不太富裕的社区，育儿的经济和文化环境在各种纵横交织的错误做法和方向误导中走向崩溃。

美国社区经济和文化的堕落

在一项具有里程碑意义的民族志研究中，社会学家伊莱贾·安德森（Elijah Anderson）记录了摧毁现代非裔美国人社群的经济和文化衰落。尽管这不能代表这个国家的所有非裔美国人社群，但是安德森讲述的悲惨故事仍然令人心碎。这些故事表明，日益恶化的社会环境，再加上文化健忘症，可能会剥夺孩子们从关心他们的成年人那里获得他们所需的指导，也可能摧毁社区保持精神内核的能力。安德森描述的非裔美国人社区不再支持老年人，数代人以来，他们一直充当着年轻人的导师。更糟糕的是，该社区已经失去了支持教堂和其他机构的能力，这些机构曾经为老少居民提供了共同的目标。

就在一代人之前，非裔美国人社区的男孩和女孩还可以接触到睿智的长辈。安德森称他们为“老者”——他们将为年轻人提供宝贵的指导。安德森写道：“老者将职业道德人格化，并将其化为价值观和崇高的道德标准……老者相当于提供指导的辅导员和宣扬道德的啦啦队长，他向孩子们宣讲不要从事犯罪、不要惹是生非的规则。这种指导直接而坦荡。孩子们和老者都接受了这种社会化的议程。老者会告诉年轻人要振作起来，在生活中有所作为，并向成功的长辈，如老者学习。

孩子们可能会在教堂里、学校里或者在街角遇到做零活的老者。这些老者可能是友好的当地警察、擦鞋匠、受人爱戴的老师或美容院的理发师。许多女性“老者”与当地教会生活有特殊的联系。老者们对本地区的年轻人表现出了积极的兴趣，年轻人反过来也对他们肃然起敬。对于许多没有父亲或母亲的孩子来说，一位老者充当了他们亟需的代理父母。他们可以提供安慰、建议、偶尔的帮助（包括经济上的帮助），以及最重要的是，带有街头智慧的道德价值观。

以前，男孩子们会在街角或在星期日学校放学后围聚在一位老者身边，听他机智幽默的谈话，听他讲述有关勤奋工作和为人正派的道德故事。他们真切地感觉到，他们正在从一位他们尊敬的人那里学习一些有用的东西。这位老者传达的主要信息包括讲礼貌和勤奋工作的价值：面试时如何着装，如何应付潜在的雇主，如何工作，以及如何保住工作。通过各种故事、笑话和对话，这位老者将自己的“诀窍”传授给年轻人。

这些为城市青少年提供社会支持的支柱现在已基本消失，城市社区的经济和社会衰落使得他们的队伍大大萎缩。有些老者现在已无法在他们的社区里找到工作，有些老者已成为犯罪活动的受害者，还有些老者则因害怕卷入持续不断的争斗而搬走。甚至还有一些老者沦为一些年轻人实施暴力活动的牺牲品，而这些年轻人曾向他们寻求过建议。

大多数老者都搬走了，少数留下来的人已经失去了昔日的魅力。他们激励年轻人的能力始终取决于这种共同的观念：他们的道路——从道德方面来看——是通往生存和繁荣发展的道路。随着社群中所有成年人的社会地位瓦解，这种观念已经失去了吸引力。由于在贫民区里带有工资的工作并不多，老者再也无法让人信服地传递出这样的信息：如果年轻人向长辈学习，他们就会有美好的前景。

因此，美国城市贫民区年轻人的社会生活质量发生了巨大变化。年轻人不再与关心他们的成年人（如老者）建立富有建设性的指导关系，而是与违法犯罪的个人或团体建立了剥削性的关系。在一两代人以前，人们之间的关系是建立在相互信任和关心的基础上的。但新的关系往往建立在工具性的目的上，而不是人际交往的目的上。这种关系是以欺骗和自我保护为基础的，而非建立在诚实和尊重的基础上。孩子们现在沦为了别人谋取利润和追求享乐的工具。人们给孩子们的最好建议是自己照顾好自己，不要指望别人。正如我在整本书中一直认为的那样，孩子们最容易从他们亲身经历的人际关系体验中学到价值观。如果孩子的社会体验缺乏诚实、尊重和关怀，反映的只是欺骗和不信任，他们就会对整个社会产生愤世嫉俗的看法，并倾向于操纵他人。

对老者传统的经济打击是与文化打击同时进行的。事实上，这两者密不可分。随着富有意义的工作减少，人们对老者们宣扬的职业道德也失去了信心。怀疑和叛逆取代了对权威的尊重，狡诈取代了社会责任。我将在整本书中证明，这种对道德价值的怀疑已遍布我们的整个文化。再加上经济因素，它导致了某些社群的迅速衰落，老者们开始销声匿迹。对于少数留下来的老者来说，当文化抛弃他们曾经最珍视的价值观，并在他们曾照看的年轻人的行为上体现出来时，尤其令人感到痛心疾首。安德森引用一位老者的话感叹说：“今天的这些年轻人就是不想去工作。”

他们不想去工作，也就是说，他们不想在我们社会现在提供给他们的环境中工作。他们的学校没有发掘他们的才华和活力，他们也找不到能激发他们雄心壮志的体面工作。这并不是说这些年轻人缺乏才华、活力或意志。在合适的环境中，他们很容易地表现出所有这些优点。“合适的环境”是为年轻人提供真正挑战的环境，是要求年轻人承担真正责任的环境，是让年轻人有机会发展对其未来前景有用的技能的环境。没有这样的环境，对工作和责任的核心价值的怀疑很快就会落地生根。今天，太多年轻人面临的问题是，为他们的健康发展提供“合适的环境”正变得越来越难。无论在哪里都是如此，尤其是在麻烦不断的社群。

为青少年提供有益成长环境的基层组织

米尔布里·麦克劳克林仔细研究了美国城市贫民区的三个社区，记录了她所说的“对青少年发展有益的环境”的丧失。麦克劳克林描述了暴力如何使这些社区成为威胁孩子们安全的环境，而不是让他们寻找朋友和导师的地方：“这种概念与当代城市贫民区青少年体验的现实相差太远：社区是一种有益成长的环境，年长的社区成员会关心和照顾社区的年轻人，‘本地知识’和代际亲密关系结成的网络构成了支持年轻人及其发展的坚固系统。这样的概念充其量只是表明，以前的时光一去不复返了。”

麦克劳克林还说明了学校、教堂和工作场所对城市贫民区的年轻人已不再有多少吸引力。学校倒塌了，许多教堂不见了，工作场所不再提供好工作了。麦克劳克林写道，这些曾经很有价值的成长环境“对市中心的年轻人来说已没有多大意义”。结果，孩子们几乎不知道工作是什么感受；他们也没有获得支撑他们工作能力的习惯、价值观和信念。这些年轻人无法想象自己是能够承担重大责任、乐于努力工作、为社会作出重大贡献的人。麦克劳克林写道：“在这种背景下，与这种人格意识相对应的深深的悲观主义、低自尊和破坏性的行为并不令人惊讶，青少年权益保护者只希望他们‘活着就好，躲开子弹’的愿望也不令人惊讶。”

但是，这些年轻人只要获得一点儿机会就会重新焕发生机。在洛杉矶的一个社区中心，贫民区的孩子们在帮助组织社区清洁活动。在新泽西州的卡姆登，贫穷的青少年在养老院照顾老人，在社区花园种植花草，并在城市委员会担任领导职务。在新罕布什尔州的一家住院治疗中心，曾经被认为不正常的青少年建造了坚固的小木屋和斜顶，以抵御冬季严寒的天气。在全国各地的课外项目和俱乐部中，孩子们演戏剧，编报纸，做科学实验。在每种情形中，观察的人都评价孩子表现得有多么聪明，多么充满热情和活力。

通常情况下，这些都是被其他人放弃了的年轻人。然而，当找到能激发他们天生能量的活动时，他们看起来像完全变了一个人。在提供有他们能够理解和认真对待的任务的新环境中，他们天生的聪颖开始闪耀光芒。与此同时，他们过去失望和失败的经历也被抛在脑后。最终，这些年轻人开始发挥其原有的长处；他们开始获得新的力量；他们开始相信自己的潜能。他们与其他人分享全新的、昂扬向上的自我观念，而这种交流又反过来强化了他们对生活所采取的积极态度。

现在还有为数不多的一些组织仍在为年轻人提供有益的成

长环境，它们散落在我们的城镇中间。米尔布里·麦克劳克林和她的同事雪莉·布莱斯·希思（Shirley Brice Heath）研究了其中的一些组织。特别值得一提的是，希思和麦克劳克林发现了一些非常宝贵的基层组织，这些组织为年轻人提供庇护，并为他们提供有意义的活动、安全的同伴关系以及来自关心他们的成年人的非正式咨询服务。男孩和女孩俱乐部、戏剧团体、运动队、慈善机构和当地社区中心等组织，都为青少年提供了有益的成长环境。希思和麦克劳克林对这些成功的青少年组织的分析报告具有很大的启发性，一部分原因是它指出了其他不太理想的成长环境中所缺失的东西，另一部分原因是它提供了一些线索，让我们知道如果想要帮助各地的年轻人重新赢得未来，我们需要创造什么样的环境。

最重要的是，成功的青少年组织确保了参加这些组织中的孩子们的生存。它们提供了安全的避风港，让孩子们可以躲避街上的危险，对某些孩子来说，还可以让他们躲避自己家里不可预测的危险。这些组织给了孩子们一个可以摆脱麻烦的去处；同样重要的是，它给了孩子们一个身份，即一个会关照他们的正式组织的成员。这些组织的青少年工作者很清楚这种身份的保护价值，并会自由使用它。有报道援引一名工作者的话说：“只要你参与某些组织——学校、运动队——帮派就不会来找你麻烦。他们要找的是那些没有组织的年轻人。”

成功为贫民区青少年提供有益成长环境的组织的其他特点还包括它们在当地社区的可信度和人员配备的稳定性。这些组织的工作人员熟悉本社区的情况，并年复一年地坚持履行自己的职责。因为他们是可以信赖的，所以他们能够接触到最困难的青少年。在这些青少年的生活中，信任是一种非常稀缺的东西。

值得信赖的组织还会不遗余力地吸纳所有找到它们的年轻人，只要他们遵守规则，不破坏团结。此外，他们还鼓励年轻人参加能够体现目标感的活动。这些活动可能是竞争性质的，比如赢得社区篮球联赛；也可能是慈善性质的，比如为有需要的人提供食物。不管是哪种活动，其目的都是在组织内创造一种团结的感觉，以及同样重要的，是让年轻人走出以自我为中心的狭小天地。

一个成功的青少年组织最显著的特点是对青少年的期望。成功的组织高度重视年轻的成员。他们对年轻人的行为抱有很高的期望，要求他们严格遵守社区规定。这些组织还对年轻成员的能力抱有很高的期望，会让他们执行一些难度较高的任务。他们赋予年轻成员真正的责任，而不怀疑他们是否能担负起这些责任。所有这一切都与大多数公共机构和其他服务机构接触当今年轻人的方式形成了鲜明对比。

美国的许多政府机构和其他服务机构对其所服务的年轻人表现出了一种居高临下的姿态。它们认为贫穷的年轻人是无助的受害者，有很多问题需要解决。麦克劳克林引用一个参加公共项目的孩子的话说：“人们对你压根不抱多少期望。”雪上加霜的是，许多公共机构认为青少年的问题错综复杂，无法立即解决，而且无论如何，它们（这些机构）都没有足够的资源来解决。接下来，它们可能会要求更多的资源，但是这些资源最终可能只是用来服务于该机构的自身利益，而不是用来解决这些年轻人生活中的现实问题。所以，在接触这些组织后，很多青少年仍然感到无助和绝望就不足为奇了。

强大的挑战与崇高的目标

任何地方的年轻人都喜欢挑战。这是他们发展技能、检验自我和展示能力的天然动力。如果一个社会要为青少年提供健康的成长环境，那么它就必须为他们提供强大的挑战和崇高的目标。否则，年轻人将不可避免地将目光投向别处。他们可能会望向地下组织及所有非法和危险的关系；他们可能分不清合理的冒险和自毁性的冒险；他们会继续寻求各种途径来释放他们的才华和活力，但是他们在这样做的时候并没有得到关心他们的人的道德指导。简而言之，他们会在毫无意义的遭遇中虚度青春，许多人会变得愤世嫉俗或担惊受怕。他们最后只剩下一种充满敌意的自我保护意识和一种被社会欺骗的感觉。

在这方面，他们的感觉是对的。他们被欺骗了，因为他们在出生时拿到了一手糟糕的经济牌。但是，更重要的是，事实证明，糟糕的经济牌与现代文化变迁这两者的综合作用对这些年轻人尤其恶毒。贫穷青少年中的暴力、犯罪、自毁和绝望等危机会相互影响。这不能只用经济学来解释，它也不能通过纯粹的经济学方案来补救。

危机的核心是我们的社会未能引导年轻人朝着积极的方向发展。这是一种失败，它源于对孩子们的本质是什么以及他们需要什么才能健康成长的认知方面的错误概念。这种失败遍布于整个社会文化中，尽管它对社会不同家境的年轻人会产生不同的影响。也就是说，这种失败与富裕的生活环境以一种方式相互作用，与贫穷的生活环境以另一种方式相互作用，但都没能导向积极的方向。正如我在第 2 章中指出的那样，在富裕的生活环境中，它可能会导致自恋、抑郁、成就低下，并导致一系列反社会和自毁的行为——通常，但不总是属于轻度到中度。

在贫穷的生活环境中，由于对年轻人的其他许多社会支持已经完全被剥夺，因此社会指导的失败可能会产生更悲惨的结果。于是，我们看到了青少年帮派在社区和学校大搞恐怖活动。我们看到了年轻男性的监禁率和年轻女性的怀孕率都在飙升。我们看到了美国的年轻一代在成长过程中对自己的未来没有希望或梦想，这不那么引人注目，但却最令人感到不安。

美国国家研究委员会（NRC）的一份有关高危环境中的青少年的报告，向我们展示了近些年来贫穷青少年的生活是如何崩溃的：

> 在过去的20年里，青少年生活的主要环境越来越陷入困顿，特别是因为贫困家庭越来越多，而且越来越集中于大城市的市中心。这些地区的学校没有足够的资源履行其使命。校舍年久失修，教室里和走廊上经常存在暴力威胁；附近街区越来越衰败，建筑越来越残破；人们在街上行走往往会有人身危险；社区也日益凋敝，因为不断增加的流动性破坏了人际关系和如教堂这样的传统机构，当地企业也遭受了亏损；家庭越来越多地由单亲父母主导，而在职的单身母亲往往无暇照顾孩子们，或者由双职工父母主导，但是他们陪伴孩子们的时间较少，因为他们要在工资

水平普遍下滑的时候努力维持现有的生活水平。这样的环境已经成为塑造越来越多美国青少年生活的熔炉。

NRC 描述的衰败之象无疑是令人震惊的。在分析问题的过程中，NRC 确定了几个常见的原因：家庭收入减少、联邦支出计划被削减，以及城市社区经济环境普遍恶化。然而，NRC 描述的危机还存在基础的文化根源。这一根源在 NRC 的文件或其他大多数政府报告和社会科学报告中都没有被阐述过。它与整个社会中人们的信念和实践有关——与当代已经消亡的信念和实践有关。它与成年人和孩子们之间的指导关系的丧失有关；与曾经为青少年提供指导的机构的消亡有关；与青少年行为的共同标准的丧失或腐蚀有关；与我们对年轻人的期望下降有关。

破旧的建筑看起来令人沮丧，由于缺乏资金维护，它们已变得破败不堪。但是，这些建筑不会自己涂鸦，只有人才会这么做——通常是年轻人。没有什么比一座满是涂鸦的建筑更令人沮丧的了，不管它是否破旧。我不知道过去一百年来涂鸦发展趋势的任何统计数据，但是我猜在年轻人聚集的地方，涂鸦正在加速增加。在年轻人成长的地方，你无法脱离年轻人的行为来理解物质水平的下滑。经济固然有其作用，但年轻人行为标准的下降也是其中一个非常重要的因素。

“匆忙”的年轻父母

归根结底，我们社会面临的最严重的威胁可能来自最不可能的地方：盲目乐观地繁衍后代。婴儿出生是人类生命的更新，无论何时发生都需要庆祝。贫穷和文化衰落的灾难性组合引发了青少年生育的爆炸性增长，这比我们社会所见过的任何事情都更可能导致社会进一步瓦解。在美国的一些社区，每十个孩子中就有九个是非婚生子女，而且这一数字还在逐年上升。随着非婚生子女数量的激增，这些孩子所在的社区能够为他们提供适当支持和指导的可能性也越来越小。

贫穷助长了少女妈妈现象的滋生，因为正如乔尔·桑德（Joelle Sander）所写的那样：“贫困的生活强烈地增加了许多孩子匮乏、弱势和落魄的感受，增加了他们离家出走的可能性，增加了他们的不稳定感。”从古至今，在世界上许多地方，不富裕的人一般都比富裕的人更早成家，而且养育的子女更多。部分原因在于，这被认为是家庭经济生存的必要条件。然而，当今青少年生育的性质有所不同。它具有失控的特点，既不能保证有经济上的优势，也不能保证有一个负责任的家庭。这种失控的特点不能仅仅用贫穷来解释，因为它在很大程度上是因为我们的文化未能向年轻人传授社会责任感。

正如人类学家指出的那样，世界上各个社会都会限制其成员的生育权。一些传统社会通过要求未来的父母拥有私人财产、土地和嫁妆等来做到这一点。另一些传统社会则优先考虑那些有社会地位、有稳定收入或受过良好教育的人。在现代民主社会，这种偏见已经消失；但直到现在，人们对责任的期望依然存在，正如结婚誓言所表明的那样。所有这些社会控制手段背后的理由都是一样的——这是社会确保出生的人得到适当抚养的手段。社会控制生育是社会自我保护的一种基本机制。

在我们社会的很多阶层中，这种社会控制已经消失，因而造成了一种影响。一些几乎没有受过教育、没有任何责任感以及没有经济来源的青少年，却被允许生育孩子。事实上，从某种意义上来说，他们这样做反而是因为受到了社会规范的鼓励。许多青少年非但不担心未婚先育会受到社会的制裁，反而感觉他们通过为人父母（无论结婚与否）可以提高自己的社会地位。年轻爸爸提高了自我形象，少女妈妈则获得了公共援助，有了自己的家，取得了更高的社会地位。当然，这里有一个重要的经济背景——如果女孩们有其他更好的选择，那么这样的回报就对她们不会那么有吸引力了。但是，主要的原因还是在文化方面。我们的文化在这方面已束手无策。正如管理学和心理学教授米哈里·契克森米哈赖（Mihalyi

Csikszentmihalyi）所写：

> 很难想象，若不确保孩子由对他们负责任的父母来抚养成人，一个社会怎么能够维持下去。

如果一个社会不仅不能适当地养育年轻一代，而且还准备让这一代年轻人——其中很多人并没有表现出抚养后代的兴趣、能力或者责任——生育又一代没有人指导的孩子，那么这个社会最终会怎么样呢？我们不得而知。在有记录的历史中，没有社会做过这样的实验。或许有社会这样做过，但它们在垂死的时候太过于虚弱，或者太过于混乱，而无法为我们记录下它们的不幸遭遇。

但是，有一件事是确定的。一些年轻人匆匆地为人父母，他们很少有资源，几乎没有受过教育，缺少可靠的社会支持网络，我们不能指望他们重新创造文化。他们无法扭转预期的衰落，他们也不会去纠正渗透在当代育儿实践中的错误概念和谬误。他们只会眼睁睁地看着标准下降而手足无措，因为他们不会知道更高的标准。

这些年轻人具有世界上全部的自然潜能。他们有能力理解社会责任，并完全承担起社会责任。然而，尽管我们可以对他们寄予厚望，但是我们不能指望他们完全靠自己发挥自己的潜力。除非我们担起责任了解这些年轻人需要什么并提供给他们，否则他们无法学会承担责任。我们朝着这个方向迈出的第一步将是破除这些年蒙住我们双眼的错误概念和谬误。我将在下一部分阐述这些内容。

第二部分

错误的方向

第4章

现代错误概念之一：自我意识增强与精神堕落

现代性的益处与弊端

过去两个世纪经济和技术的巨大进步带来了一种文化敏感性（cultural sensibility），这种文化敏感性又被笼统地称为“现代性”。对一些人来说，现代敏感性似乎是一种解放，而对另一些人来说，它似乎是一种堕落。现代养育孩子的人在这两方面都有体会。没有人怀疑，现代性在许多方面深刻地影响了养育孩子的方式。一些变化无疑是有益的：例如，我们在医学技术方面的进步和我们为全世界儿童生产食物的能力。在世界上大多数地区，幸福的孩子现在可以安然地度过童年，而不用担心疾病或饥饿。另一些变化显然是有害的：例如，家庭和社区纽带的解体，让千百万孩子失去了他们在成长过程中所需的指导和保护。在最极端的情况下，这种解体可以从大量流落街头的孩子身上看到，他们靠乞讨为生，每天都会受到暴力和剥削的威胁。一些不那么极端的表现包括我在本书中讨论的青少年士气低落的问题和行为的问题。现代性带来的许多变化既有积极的因素，也有消极的因素。这包括有效洞见与危险谬误交织的新概念，以及出于好心却判断错误的新做法。

从本质上来说，现代性代表着一种共同的信念：我们可以超越自然和传统的束缚而取得进步。现代科学技术确实征服了自然，给我们带来了巨大的物质利益；社会变革在许多方面使得传统似乎变得不合时宜。然而，现代性的胜利伴随着许多牺牲，其中之一便是我们传统的社区意识。对于现代初期的许多人来说，这完全是有意为之的牺牲。他们渴望自由自在地生活，对抱有“小镇”心态的传统社区的约束感到愠怒。他们相信，在一个没有独断专行的习俗和紧密的人身依附关系的社会里，人们在生活中会遇到更多实现自我的机会，更少专横霸道的不公平行为。正如社会学家阿米泰·埃齐奥尼（Amitai Etzioni）所写：

现在人们很难相信，但是在过去很长一段时间里，人们认为社区的消失是一种解放。人们认为，从人与人之间亲密无间的“原始”乡村发展到不受约束的“现代”都市，这是社会的进步。

埃齐奥尼指出，社区的消失也有令人沮丧的一面，这是那些认为这是一种解放的人始料不及的。埃齐奥尼写道，当社区消失时，奠定道德基础的“我们”意识也就无法长久存续，取而代之的是对个人发展漫无目的的、与社会脱节的、以自我为中心的追求。在一个只由“自由的”个人组成的社会里，人们可能会谋求他们的权利，但却会忘记他们的责任。他们可能会谋求满足自己的需求，但却会忽视他人的需求。在这个过程中，他们可能会不知不觉陷入犯罪和其他反社会活动的深渊；他们可能会忽视曾经代代相传的宝贵社会传统和道德价值观。这里的风险在于，当人们一味地追求个人目标时，他们可能永远无法获得超越自我的崇高使命感。埃齐奥尼写道：“古希腊人很清楚这一点：一个只顾个人利益的人，是不会顾及公共生活的。”

自从它明显背离自然的保护和传统的社会秩序后，现代性就饱受诟病。其中最精彩的批评之一来自弗里德里希·尼采（Friedrich Nietzsche）的著作《权力意志》（*Will to Power*）。这位 19 世纪的哲学家抨击了作为现代性核心的虚无主义，对他来说，这是现代性的最大恶魔。尼采写道，在我们试图通过理性和科学来控制自然的过程中，人类正在否定其最重要的能量和力量源泉。尼采的著作充满激情，言语激昂，而且具有煽动性，但是它们并没有提出令人信服的可替代的愿景。然而这些年，有越来越多的社会批评家重提尼采担忧的问题，并增加了他们认为相关的其他问题。

特别值得一提的是，有两个主题出现在最近批评现代性的声音中：自我意识的崛起以及精神和信仰的堕落。随着今天的文化敏感性升级为后现代主义及某些狂热的行为，人们熟悉的虚无主义、自我主义和信仰丧失的主题在许多社会批评中越来越占据主流。

在讨论现代性的缺点时，我的目的是揭示现代文化敏感性产生的一些副作用。我准备揭露一些错误观念，这些观念塑造了孩子们的流行观念，并影响了现代养育孩子的方式。我在这里只关注错误观念，而不管它们所处的整个文化背景。我们的社会批评家所抨击的一些现代性特征，确实产生或保护了这些观念。但是我认为，这种联系并不是无法避免的。许多过着完全现代生活的家庭抵制了这种错误观念。在未来，当我们从现代生活给孩子带来的好处中剔除这些错误观念时，我希望我们能够自觉抵制它们。本书的目的之一是阐明如何提高我们对孩子们需求的理解——事实上，这是必需的——并改革我们目前的育儿实践，而不抛弃社会进步带给我们的诸多洞察力和机会。

在我上面提到的三个主题中——虚无主义、自我主义和信仰丧失——只有后两者在许多现代家庭中很容易被察觉到。真正的虚无主义只在少数圈子里盛行，它可能会为整个社会定下基调，甚至方向；但是，即使在最突出的表现形式中，它仍然只是一种边缘现象，对大多数家庭的育儿观念和实践几乎没有直接影响。相形之下，自我主义和信仰缺失是现代生活中的主要潮流。这两者中的其中任何一个都会强烈影响我们对待孩子们的态度。诚然，任何一个都可能从整体文化的虚无主义基调中汲取力量，并贡献自己的力量，而且毫无疑问它们还会相互强化，但是，它们也能独立发挥作用，成为强大的道德影响力。关于自我意识强化，社会学家丹尼尔·贝尔（Daniel Bell）写道：

> 在19世纪，自我意识崭露头角。个人被认为是独一无二的，有着独特的抱负，生命被看得更加神圣和珍贵。个人生活的改善本身就是价值的体现。

关于信仰丧失，贝尔写道：

> 现代性的真正问题是信仰问题。用一个过时的术语来说，这是一场精神危机，因为新的锚碇被证明是虚幻的，旧的锚碇已经没入水中。这样的情形让我们又回到了虚无主义；没有过去，没有未来，只有一片虚空。

自我的提升和精神的丧失本身并不会导致现代社会中盛行的有关孩子的错误观念，但是它们创造了一种让错误观念盛行的文化背景。它们让我们形成了一种接受能力，开始接受我们曾经嗤之以鼻或断然拒绝的想法。它们让我们对当前流行的一些荒谬的育儿做法失去了敏感性。而且，这些有关孩子的错误观念可以实现自我繁衍，这些错误观念的后果恰恰会在根据这些错误观念抚养长大的年轻一代中促进自我中心主义和精神空虚。

自我意识至上

在现在关于人类发展的流行论调中，人们反复强调的观点是自尊的头等重要性。这个观点直截了当地说就是：如果你不先学会尊重和爱自己，你就不可能尊重、珍惜或爱别人。这种观点贯穿于流行音乐、好莱坞电影、低俗文学和报纸专栏中。在脱口秀节目、非专业的精神分析以及在各种忏悔谈话中，人们都可以听到这种观点。借用近几年上榜的一首流行歌曲的歌词来说，爱自己是“最伟大的爱”。根据这样那样的表述，爱自己是一个人获得成就感、幸福感和对他人的积极情感的根源。

近些年最流行的一句话当然是“自尊”。在被尤为愚蠢地夸大之后——比如加利福尼亚州一个臭名昭著的委员在致力于提高公民自尊——这个词已经变得声名狼藉。这种概念使用的愚蠢在社会评论中，例如温迪·卡米纳（Wendy Kamine）披露提高自我意识做法的文章中，已被暴露得一览无余。尽管如此，自尊的概念在许多圈子里仍然保持着吸引力，无论是在专业领域还是公众领域。事实上，提升自尊不仅是一个预期的目标，而且是在大多数教育和服务机构中流行的做法。各地的老师、临床医生和指导顾问首先谈论的便是自尊的头等重要性。他们认为缺乏自尊是一切问题的根源，自尊的提高是解决一切问题的希望。许多专业人士认为自尊是智力和品格发展的重要动力。

育儿“技巧”图书中充斥着如何提高儿童自尊的小技巧。许多图书明确声称，自尊是儿童获得最佳心理发展的前提条件——以及必要条件。它们还强调了早期体验对于建立或永久损害孩子们自尊的重要性。当然，这让父母承担了重大责任。

任何想要养育健康孩子的父母（什么样的父母不想呢？）都会得到忠告：表扬、表达爱以及其他帮助孩子建立自信心的直接方法，都会发挥重要的作用。下面几段话就体现了这种想法，它们摘自持此种思想根深蒂固的父母指南：

> 所有的父母都希望自己的孩子长大后能够安全、自立，而这在很大程度上取决于孩子的自尊水平。而父母对其所期望的结果负有最大的责任……在学龄前和上学期间建立的自尊是青少年和成年人生活中的自信和自尊的基础。
>
> 自尊——我们对自己的感受——在生活的方方面面都会对我们产生影响。它反映了我们所有的早期经历，特别是我们的父母对我们的感受，以及他们是如何传达这种感受的。良好的自尊是情感、智力和创造力蓬勃发展的催化剂。自尊决定了我们对自我掌控感的高低——我们真正拥有内在力量的持续感受。这让我们具有一定的独立性，并在生活的各个方面都对我们大有裨益。
>
> 帮助孩子们培养强烈的自尊心是为人父母最重要的任务。拥有良好自尊的孩子最有可能成为快乐和成功的成年人。自尊是保护孩子免受毒品、酒精、不健康的人际关系和犯罪等邪恶侵害的盔甲。

自尊——或缺乏自尊——会对人们的生活产生重大影响。研究发现，积极的自尊与高驱动有关，或者会驱使人追逐成就——无论是在运动中、工作中还是在学校里。研究还表明，自尊程度高的年轻人拥有更多的朋友，更容易抵抗有害的同伴压力，对批评之声或别人的想法不那么敏感，智商更高，消息更灵通，身体更协调，不那么害羞和怯场，更自信和更易满足自己的需求。有人甚至认为，高度的自尊是心理健康的核心和基础。

这些说法并不是标新立异，或特别引人注目的。它们都是育儿专家——自然也是公众——对自尊在人类发展中作用的典型看法。事实上，这些说法来自我从当地公共图书馆的书架上随机挑选的图书：我相信，如果我拿起其他图书，我也会找到类似说法。它们恰如其分地反映了当今时代的“惯常”智慧。

这种“惯常”智慧存在几个方面的缺陷。正如最后一种说法最明白无误地表述的那样，人们认为自尊导致了许多积极而重要的发展结果，包括从智力到心理健康（有趣的是，最后一种说法还提到了身体协调性，即使对于自尊的铁杆拥护者来说，这也显得牵强附会）。这种想法——自尊是这些积极结果的“先决条件”——是对一些相关研究的演绎，这些研究只是表明，自尊与成就、健康等之间有简单的相关性。无论哪里教授的统计学课在一开始都会解释相关性不能确立因果关系。不管自尊和其他所有事情之间有多少关联，自尊都可能是积极发展的结果，也可能是促成积极发展的原因。

这不仅仅是一场学术争论。无论我们相信自尊是健康发展的因还是果，这对年轻人来说都是一个关系重大的问题。目前，许多人都有一个共同的假设，即这种发展关系的顺序是从自尊到健康发展。根据这一假设，在做任何事情之前，我们应该使用泛泛地夸奖等直接手段，让孩子们建立自尊。只有这样，我们才有可能更进一步，鼓励他们取得成就，发展技能，等等。如果这个假设是错误的——也就是说，它把发展关系搞反了——那么我们的许多育儿实践就是徒劳的，甚至会适得其反。在这样的实践过程中，我们忽视了自尊的真正来源，并让孩子的潜力一直处于未开发的状态。

在我的女儿上幼儿园后不久，她每天回家时总会带一张小卡片，上面写着三个字：“我很棒。”她班上的每个孩子都拿到了一张类似的卡片，上面写着同样的话语。我的女儿告诉我，她的老师要求所有的孩子在课堂上背诵这几个词，记住它们，并保留这些卡片，以便时时提醒自己。我问女儿这一切是什么意思。她说她很棒，她的同学们也很棒。但是，她不知道他们具体在哪方面很棒。

这样的练习在今天的小学和学前班中屡见不鲜。当我在全国各地观摩教学课堂时，我看到了“提高自尊”的许多类似版本。这些努力都是基于这样一个普遍的假设：自尊是儿童发展和早期教育的第一要务。我认识的大多数老师、日托工作者和临床医生都会在他们所负责的孩子遇到问题时立即提到“低自尊”这个词。他们的解决办法自然是想方设法鼓励孩子产生良好的自我感受。

这种做法的出发点及其传递的信息无疑是值得称道的。所有的孩子都是很好的——是的，都很棒——因为他们都是很宝贵的、很特别的。向孩子们传达这种观念不仅没有错，而且还是很对的。但我们必须认识到，自尊并不是一种可以通过抽象的赞美直接传播的美德。像“我很棒”这样的练习无法持续地灌输观点。更令人不安的是这样努力所传递的辅助信息。正如我将在下面讨论的那样，孩子们稚嫩的头脑通常会把旨在提高自尊的抽象赞美解读为自我中心的邀请函。

对于那些与孩子们打交道的人来说，自尊本身只不过是一种海市蜃楼。就像所有的海市蜃楼一样，它既具有吸引力，又具有危险的欺骗性，它会诱使我们远离更有回报的发展目标。近年来，虽然增强孩子自尊的使命激发了父母和教育工作者的想象力，但是它也掩盖了更有前途、更富成效的育儿可能性。我们应该更好地帮助孩子们获得技能、价值观和美德，并让他们在此基础上建立积极的自我意识。

关注孩子们的自尊并不能提供进入孩子心理世界的有用的入口。首先，自尊的概念本身就孩子所了解的真实事物而言缺乏根基。从一个小孩子的角度来看，像“我很棒”这样的笼统赞美没有具体的指向。小孩子几乎无法理解关于人的理想化或抽象化的评价。他们关心的问题要具体得多。当谈论自己的时候，孩子会关注他们的长相、他们做的事情、他们来自哪里，以及他们每时每刻的感受。如果要谈论一个孩子是什么样子的，并让其他孩子理解，那么你必须在交流中具体地描述真实的个人品质、能力和活动。像“你很了不起”这样的抽象信息对小孩子来说是没有意义的，因为它们缺乏孩子们关心的信息。对于那些旨在提高孩子们自尊的抽象赞美，孩子们不太可能接受，甚或听进去。

从这个意义上说，空洞的表扬似乎是一种无效倒也无害的做法。其实，它的危害性要比这大得多，这有几个方面的原因。这种做法最严重的问题是，它是基于一种善意的谎言，类似于有吸引力的“沃比根湖”效应[①]——在那样一个地方，“所有儿童的智力都高于平均水平”。对于这样无伤大雅的小谎言，特别是在为了幽默而这样说的情况下，抱怨它确实显得小家子气。但是，当说话者是认真的时候，这样的信息实际上是不诚实的。就算是出于最大的善意，与孩子们进行不诚实的沟通也不可避免地会产生严重的问题。其中一个这样的问题是，孩子们迟早会看穿所有关于他们自己的不准确描述。

说到弄清楚自己是谁，孩子们是非常聪明和积极的。他们对自己有着深刻的理解，很少有成年人能完全明白这一点。他们知道自己能做什么，不能做什么；他们不断探索周围的环境，以获得关于自己能力的反馈信息。

切实而积极的自尊

从出生的时候起，孩子们就会从很多源头——包括父母、同龄人、老师、亲戚以及他们自己在现实世界中的经历——获得有关自己的反馈信息。人们告诉他们，他们的个子矮或高，

① 指人们对自己所有权内的所有事物都比其他人所更看重进而往往高估其价值，形成隐性的偏见。——编者注

他们学会了阅读，他们会跳舞或打棒球，他们慷慨或节俭，他们大胆或害羞，等等。孩子认真倾听这样的反馈信息，并进行积极的消化吸收。他们从多个源头的反馈信息中构建了一个客观的框架，并通过这个框架来评估他们可能听到的关于自己的所有新信息。不符合这个框架的信息不可能长期欺骗他们。

如果一个孩子收到一条令人愉快的但却毫无意义的信息，其大意是这个孩子在各个方面都是最棒的，那么会发生什么情形呢？有几种可能的情形发生。有些孩子对这类信息干脆置之不理。不管怎么说，抽象概念对他们来说几乎没有任何意义。他们可能会偶尔重复这些话，但不会放在心上，念念不忘。这些信息并没有改变他们对自己是谁的观念。

但是，有些孩子确实会受到这类信息的影响，尽管影响的方式不尽如人意。有些孩子会对自己的力量产生一种夸大化的，但却空洞的、最终脆弱的感受。有些孩子会将自我价值感与他们的个人行为分割开来（参见我在第 2 章中所讨论的“马刺帮”男孩们的例子，以及他们的“我对自己满意”的态度）。此外，还有些孩子对这样的信息持怀疑态度，并越来越习惯于接受积极的反馈信息。随着时间的推移，这可能会导致他们开始不信任成年人的话，并产生一种令人痛苦的自我怀疑。

反复掩盖真相不可避免地会削弱听者对信息传播者的信心。

父母和老师可能会用很多方法来向孩子们掩盖真相，以帮助他们建立自尊。这些方法包括空洞的说辞、明显的吹捧、歪曲现实，以及对孩子和其他人进行不恰当的比较，等等。尽管这些都是善意的谎言，旨在帮助孩子们而不是欺骗他们，但是孩子们能够而且确实识破了它们。如果重复的次数过多，这样的欺骗就会破坏孩子们对成年人的信任。

就算这些信息的不良影响仅限于孩子们不相信好心的成年人说的某些话，这也是很成问题的事情。而且，这种不信任感会进一步扩散，并自我强化。具有讽刺意味的是，旨在提高孩子们自尊的空洞赞美恰恰无助于成年人试图改善的状况——自尊低下。如果孩子们对自己的能力感觉不自信，那么不被信任的信息只会进一步加剧这种感受。孩子们完全可能会问我们在面对空洞的吹捧时会问的问题：为什么人们觉得他们有必要编造关于我的事情？我有什么毛病是需要人们掩饰的？这些关于我的说法试图证明什么？

毫无疑问，成年人的鼓励有助于帮助孩子们获得技能。孩子们依靠真正的成就茁壮成长。我们应该鼓励他们尝试新鲜事物，应该告诉他们成功是可以达到的。当与孩子们真实的努力和真实的成就联系在一起时，成年人的表扬就可以发挥有效的作用。但是，没有具体所指的空洞赞美如“你很棒”，会削弱成年人给孩子们的信任感。取得新的成就是一个循序渐进的过程。如果成年人耐心引导孩子完成这一过程，那么孩子们不仅能够发展新的技能，而且还能够建立基于客观事实的坚实自信。要做到这一点没有捷径可走。孩子们不可能通过几句简单的赞美如“我很了不起”或“我很棒”就迅速建立起自信。

儿童发展研究人员进行了大量的研究，报告了有关孩子的自尊以及相关因素的大量数据。梳理这些研究你就会发现，这是流行的错误概念与科学发现完全脱节的众多领域之一。总体而言，有关我一直在讨论的“抽象的自尊”的研究，一直是儿童发展实证研究中最令人失望的地方之一。科学家们很少能够以直接或明确的方式，将孩子的整体自我意识与其社会、情感或精神生活中的任何重要行为或技能联系起来。心理学家露丝·怀利（Ruth Wylie）对过去20年的自我概念研究进行了最权威的评价。对于将孩子的整体自尊与重要发展结果联系起来的研究，怀利得出了这样的结论：“综观本书，最令人印象深刻的事情是它包含有很少的或几乎为零的科学发现。”尽管，正如怀利不无启发地指出的那样，“惯常智慧充满信心地预测了强劲的发展趋势”。

有关自尊的研究通常是让孩子们用一些概括性的话语，例如“我是一个好人”或“总体上我对自己很满意”，对自己进行评价。孩子们被要求回答同意或不同意这样的说法，孩子们同意的程度决定了孩子的自尊水平。由于许多儿童保育专业人员认为自尊是大多数儿童问题的根源，因此人们普遍预期这样衡量出来的自尊水平能够与儿童表现的各种衡量指标联系起来。也就是说，根据一般的推理，孩子们对这些积极的自我评价表示同意的程度，应该能预测他们适应生活的能力大小。但是，支持这种预测的证据难以找到。那些声称将孩子的自尊与他们的智力、成就、社交和情感成熟度联系起来的研究，甚至没有提供令人信服的相关数据，更不用说人们普遍相信的因果关系证据了。

在过去几年里，新闻媒体经常宣传一项所谓的科学发现，其大意是说，我们社会中的女孩在到青春期的时候就“丧失”了自尊。这一发现已在许多新闻报道、畅销书和报纸咨询专栏中传播。因此，它引起了公众的关注。学校和老师被迫进行特殊的调整，以帮助女学生应对其自尊的“丧失”。在撰写本书时，甚至有传言称，美国政府正在制定一项耗资巨大的计划来解决这一“问题”。

然而，这种哗众取宠观点的科学证据就像果冻一样摇晃不定。在声誉良好的专业或科学期刊上，很少有关于这种与性别有关的失去自尊的报道。这种性别差异很少出现在对儿童和青少年自我理解能力的纵向研究中。在声称存在这种性别差异的研究中，它们通常可以归因于不同青少年群体对“自尊”的定义存在很大差异。例如，存在品行障碍的男孩——即那些经常调皮捣蛋的男孩——在许多自尊测试中通常会获得极高的分数。在青少年自尊研究中纳入这些男孩，可以很好地解释女孩的自尊分数的“下降”，因为这些调皮捣蛋的男孩提高了整体男生的平均分数。换句话说，青春期女孩看起来正在“失去”自尊的原因是，她们被拿来与一群平均自尊分数很高的男孩进行比较，而这群男生包括那些靠自吹自擂而获得极高得分的男生。高自尊的概念是如此模糊，以致它既可以表明学习和创新的自信程度，也可以表明傲慢无礼的程度。

由于多种原因，没有可信的自尊衡量方法可以证明青春期女孩的自尊“下降”。由于整个自尊的概念都存在很大的缺陷，所以我们无法进行这样的证明。一个小女孩对“自尊”（无论这对她意味着什么）的描述，如何与她到十几岁时对这种概念的描述相提并论呢？这两者可以通过什么标准来比较呢？自尊的概念从一开始就是非常难以捉摸和变动不居的，因此它不可能为不同年龄段或性别的人群提供有效比较的前提。然而，现在的文化氛围很容易接受有关儿童自尊的问题，以致人们仅仅根据女孩自尊“丧失”的虚假说法就开始考虑实施影响面甚广的社会政策。

儿童的自我肯定并不容易通过像“我是一个好人”这样肤浅的、抽象的陈述来获得。这类陈述对儿童的实际意义不大。相反，儿童的自信来自一系列小而具体的技能。值得注意的是，苏珊·哈特（Susan Harter）的《感知能力量表》（*Perceived Competence Scale*）在可靠地预测儿童适应能力方面取得了一些成功。这一量表在几个严格区分的表现领域衡量了儿童对自己能力的印象。评分项基于孩子们自身熟悉的具体活动，如体育活动、艺术表演、阅读和数学计算。这种衡量方法不会假定儿童会从所有这些活动中抽象出首要的、全面的信息。因此，这种衡量方法看起来具有内在的有效性，对孩子是真正有意义的。

父母和老师与小孩子的沟通也必须具有有效性。它们必须是有意义的，而且必须是直截了当的。它们还必须指向成年人内心完全认可的目的。这就是说，他们必须鼓励儿童发展特定的技能和价值观。有了这个目标，孩子们就知道他们必须做什么，当他们的学习可以帮助他们实现目标的技能时，他们就可以切切实实地看到自己的进步。通过这种方式，技能和价值观将给孩子带来表现和成就等内在激励。只有这些真实而具体的信息才能教导孩子建立以真正的能力为基础的自信。

相比之下，引导孩子了解整体的自我“尊严”，就是用孩子们感觉不熟悉和不自在的表达方式与孩子们沟通。这意味着说话笼统，言不由衷，这等于教育孩子不要把成年人的话当真。在某些情况下，这也意味着孩子们可能会提出疑问，质疑成年人为什么要传递这种特殊的信息。具有讽刺意味的是，像这样的疑问可能会导致孩子产生自我怀疑，让成年人原本想要通过这个信息治愈的伤口出现恶化。我已经在好几个场合见到过这种情形。一个成年人通过笼统的赞美之词来提高一个有麻烦的孩子的自尊：“你是最棒的”“你太出色了”，等等。从这个孩子的角度来看，这样的赞美来得太突然。孩子的眼里闪过一丝疑惑的神色。然后，这个孩子提出抗议，表达了她的自我怀疑，然后不再理会这个成年人的赞美。这个孩子的自我怀疑被强化了，一个潜在的有效沟通渠道遭到了质疑。

毫无疑问，我们对孩子自尊的痴迷源于我们对待年轻人态度的历史性转变。我们已从将外在要求强加给孩子，完全转变到关注他们的内在情感。这种转变并不全是坏事。它增加了我们对年轻人特殊思维方式的敏感度，并在这个过程中打开了成年人和孩子之间的新的沟通渠道。但是，我们对儿童内在精神状态的高度关注，加上现代日益强化的以儿童为中心的观念，让孩子们对自己和世界的看法出现了严重的失衡。当我们告诉孩子他们的首要目标应该是爱自己时，我们是在向他们暗示他们就是宇宙的中心。这样的暗示进一步强化了现代文化中以儿童为中心的倾向，可能会把孩子们推向自恋的深渊，使他们对别人的需求视而不见。我们不否认爱自己的价值，但我们应该质疑在抚养和教育孩子的过程中把它当作首要目标是否妥当。

品格和能力的发展绝不仅仅是关注孩子们的个人情感。它绝不仅仅是获得最喜爱的自我观念——尤其是当这种观念是为了满足对高自尊的普遍欲望的时候。它绝不仅仅是爱自己、尊重自己甚或提高自己。成长意味着学会建设性地参与社会活动。它意味着发展真正的技能，与他人和谐相处，尊重社会规则和合法权威，关心需要帮助的人，并以各种方式承担个人和社会责任。所有这些目标必然能引领孩子超越自我。它们要求孩子以他人的需求和标准为导向。

把孩子放在一切事物的中心，让孩子太在意自己和自己的感受，这样做的心理危害在于，它会让孩子的注意力离开基本的社会现实，而孩子必须适应社会现实才能获得适当的品格发展。当孩子学会把自己放在第一位时，他们就学会了更加关心他们自己的个人体验，而不是别人的感受和反应。他们开始忽视别人的指导和反馈，因为他们从未学会看重这些东西。他们没有建立坚实的基础来尊重他人，甚至包括其生活中至关重要的成年人。从长远来看，他们学会了把自己当作唯一的道德参照物，这可不是培养平衡的道德意识的好方法。

我还记得有一次警方审讯一名14岁男孩的情形。这个男孩因抢劫一名80岁的盲眼老妇人而被逮捕。他不仅抢了她的钱包，而且还狠狠地殴打了她一顿，导致她因剧痛而住院治疗，而且还可能会形成永久性的损伤。当被问及为什么要选择这样一个令人难以置信的作案对象时，男孩傲慢地说，抢劫盲人才是最聪明的做法，因为他们很难认出你。但是，当被问到给老妇人带来这样大的痛苦，他是否对她有半点同情心时，男孩的回答才是真正令人震惊的。“我为什么要同情她？”男孩疑惑地问，“毕竟，她又不是我。”

没有客观的道德参照物，孩子们就无法形成稳定的是非观念。有关儿童心理咨询的文献资料中充斥着大量这样的案例：即使被当场抓住，孩子们也习惯于否认自己的不当行为。一个哥哥故意把妹妹从自行车上推下来，这可能是因为他想要自行车，也可能只是出于好玩。这一行为就是在父母眼皮子底下发生的。虽然妹妹痛得大叫，但是哥哥却极力否认自己做错了事。他显然是认真的。事实上，在这个男孩的心目中，他并没有觉得自己做错事。因为这个男孩学会了只尊重自己，所以他是自己唯一需要说服的人。随着时间的推移，他习惯了让自己相信自己是正确的，哪怕客观证据正好相反。既然他没有理由去关心别人的想法，那么客观的证据对他来说也就不起什么作用了。因此，这个男孩只告诉自己他想要听到的东西，以维护他的自我形象。真相只有当它有利于维护他的自我形象的时候才有价值，毕竟，这是这个男孩早已习惯的行为模式。这种否认自己有错的行为模式，最初只是一系列旨在提升自尊的善意谎言，现在则形成了一种持久的欺骗倾向。这种欺骗既针对外部世界，也指向自己。从欺骗的种子中孕育出来的，是对客观事实和外在标准的漠视。在极端的情况下，这种漠视可能会发展成病态说谎和其他临床障碍。

正如孩子需要获得真正的技能来为他们的自我感受提供一个客观参照物一样，他们还需要遵守前后一致、严格执行的标准来培养对自己和别人的尊重。孩子必须学会面对不以人的意志为转移的现实，现实不会随着他们的心情和感受而变化，也不会因为他们的抱怨而消失。不给孩子严格的规训和指导，注定会让他们变得傲慢、不尊重人，也会导致妄自尊大的膨胀感——这种膨胀感是我们的文化过度强调自尊形成的恶果。

孩子有必要在生活中学会深刻地、持久地尊重别人。这至少和尊重自己一样重要。事实上，要尊重自己，首先就要尊重别人。牢固的自尊不可能建立在真空中，它需要你与你尊重其判断和反馈意见的人建立富有建设性的关系，并得到这种关系的支持。也许正是因为这个原因，谦逊的人的自尊往往是最牢固的。相反，被浓墨重彩渲染的自尊往往是最不可靠的。这是很有讽刺意味的。在孩子建立自己的身份和自尊时，他们尤其依赖于自己对别人的积极情感。当年轻人在态度和行为上对老年人或其他成年人没有表现出自发的尊敬时，这就是一个令人非常担心的问题。对于那些在其他时代和地方长大的人来说，或者对于任何有机会观察更传统的文化中成年人和孩子关系的人来说，我们社会中孩子们不尊重成年人的情况看起来令人担忧，而且我们应当感到忧虑。

孩子必须学会兼听消极的和积极的反馈信息，重视它们，并采取相应的行动。只有当他们完全尊重给他们提供反馈信息的人时，这种情况才会发生。孩子们最好在很小的时候，远在青春期之前就学到这一点。而且，他们最好通过行动而不是言语来学到这一点。像“听我说话！”或“要尊重长辈！”这样的劝诫与“你真棒！”的空洞赞美一样徒劳无益，原因大同小异。在这两种情况下，唯一有效的途径是持续不断的具体行动和成就，比如承担真正的家庭责任。这一过程必须持续多年，没有任何捷径可走。只有长期沉浸在这种社会化体验中，孩子们才会意识到，他们自己的观点和反应不是他们唯一甚或主要的参照点。只有通过这样的体验，孩子们才能对别人的判断和指导保持一种健康的敏感性。

追求自尊是每个人的权利。培养幸福感是心理调适的重要内容，幸福感是个人幸福的核心。但是，为了自尊而追求自尊则是一种错误的追求。从逻辑上和心理上来说，这是一个自相矛盾的说法。一个人无法在与他人断绝关系的情况下“找到”自尊，因为离开了这些关系，自尊就不存在了。

我在前面曾指出，一个人的自我感觉必须有一定的现实基础才能稳定地发挥其积极的心理作用。同样地，一个人的自我感觉必须与其对他人的感觉相一致。甚至连最基本的自尊（例如，“因为我是一个人，所以我有价值”）都与尊重他人密不可分。一个人不能说：“因为我是一个人，所以我尊重自己，但是我不尊重其他人。”即使对一个小孩子来说，这种推理在逻辑上也是站不住脚的，在心理上也是难以过关的。

就像幸福一样，自尊是不能直接追求的目标，也不是为了追求而追求的目标。实现良好的自我感觉，是一个迂回曲折的过程，需要获得很多成就。在这个过程中，孩子不仅要获得各种技能和知识，而且要与他人建立积极的社会关系。敏锐的自我意识对这种追求毫无裨益，它可能会严重分散注意力。当父母和老师引导孩子获得各种技能和知识，以及建立积极的关系，从而让他们最终获得真正的自尊时，这才算是真正对孩子最好。当父母让孩子们对自己的重要性产生一种虚假的信念时，这对孩子并不好。真正值得的事情没有任何捷径可走。

没有什么可以信仰

当我们教育孩子要首先关心他们自己的自我意识时，我们是在鼓励他们以自我为中心，而且我们没有提出这样一个更鼓舞人心的、富有建设性的可替代选择：他们应该关心超越自我和自我之外的事情。这就是说，我们未能向他们传达这样一种意识，即除了他们自己个人的小环境和感受之外，生活中还有其他重要的事情。

甚至在很小的时候，孩子们就需要相信一些超越他们自己的东西。现代有一句口头禅是，我们都应该“相信自己”，我们应该敦促每个孩子“相信自己”。这种观点是可以理解的，但这句话的含义已与从前迥然不同。以前，“相信自己”意味着毫不妥协地，通常是孤立无援地坚持自己的立场，尽管这样做困难重重，危机四伏。而现在，“相信自己”意味着接受自己的任何愿望和爱好，无论它们是什么，并不择手段地去实现。

以自我为中心的目标无法为孩子的发展提供有益的基础。孩子无法在心理上茁壮成长，除非他们学会致力于追求超越个人欲望的目标，除非他们切身地感受到一些宗教传统称之为“超凡”的东西：对比自我更大的事业的信仰和奉献。在孩子的生活中，关于这一点最明显的例子是为他人服务的意识。但是，它也可能包括对一些深刻问题的信念，比如生活的意义和目的。

超凡的感受，为他人服务的导向，对生活更深刻意义的领悟，这些都是我在写到孩子的精神需求时所提到的能力的构成要素。精神需求的概念在科学界或专业领域并不流行，部分原因是它与宗教信仰有关。数十年来，在所有儿童发展研究文献或育儿手册中都很难找到提及精神需求的地方。当然，这只不过反映了世俗社会的一种由来已有的趋势。

至于宗教信仰，在教育界提到它就会引发焦虑或招致蔑视。正如道德哲学家、斯坦福大学教育学院院长内尔·诺丁斯（Nel Nodding）所写的那样：“……教育理论家一直对宗教视而不见，就好像启蒙运动成功了一样。”起初，人们只是禁止在公立学校的课堂上进行祈祷，现在，这已经升级为一种运动，要求在与宗教教派无关的地方取消任何形式的宗教展示，包括圣诞颂歌、灯台以及仪式性地使用上帝这个名称。就像诺丁斯抱怨的那样，即使是正式的、不涉及支持信仰或非信仰的宗教研究，在很多学校也遭到了禁止。

然而，精神信仰一直是人类向年轻一代传授精神意识的主要手段。尽管社会学家和教育工作者对此表示怀疑，但是信仰已被证明对儿童有明显的好处。在发展心理学关于儿童适应困难环境的里程碑式的研究中，信仰被证明是保护儿童安全的“非负向的”力量。换言之，其他有效的保护力量均意味着要避免某种东西——避免吸毒、避免荷尔蒙失衡、避免与父母冲突，等等。我相信，如果社会学家不是如此忌惮将宗教信仰作为一个变量纳入他们对儿童的研究中，那么这一发现结果将会被引用很多次。

在过去的几年里，一些最著名的育儿权威专家已经意识到，我们孩子的生活中明显遗漏了精神信息。其中一些权威专家试图唤醒一个已然忘了如何给孩子们一些信仰的社会。最近，享誉全球的儿科医生本杰明·斯波克（Benjamin Spock）撰文阐明了精神信仰和价值观对儿童的重要性。斯波克博士将精神定义为对他人的爱、对家庭和社区的奉献、勇气、对音乐和风景的反应等情感。他接着写道：

> 我希望有足够多的人能够认识到我们精神上的贫瘠所带来的社会弊病和悲剧，或者对于一些经济或环境灾难感

到震惊，或者受到某位精神领袖的鼓舞，从而献身于为人类同胞服务的理想——无论他们从事的是什么有利可图的职业——并在他们的孩子身上激发出同样的理想。我真的相信，如果没有这样的转变，一味地沉溺于物质主义就会毁了我们。我这样说并不是出于信仰或道德上的原因，而仅仅是基于我们的社会正在瓦解的证据。

在呼吁丰富孩子的精神生活时，斯波克博士首先指出了鼓励孩子为他人服务有多么重要。然而，尽管像斯波克博士这样一位有影响力的育儿大师发出了这样的警告，但是我们的社会中仍然存在着一种强烈的偏见，不赞成让孩子帮忙干活。正如人类学家总结的，这是现代文化和传统文化之间最显著的差别之一。在传统家庭中，孩子们经常被要求帮助照看年幼的弟弟妹妹，帮助照顾老人，并帮着做许多家务活。孩子被赋予了真正的责任，他们提供的帮助也得到了认真的对待。而在现代世界的大多数地方，情况却不是这样的：孩子们被免于甚至被劝阻，承担为他人服务的责任。

被忽视的家务

父母现在不愿让孩子做家务活的原因有很多。我在第 2 章中提到了几个原因。其中一些原因是合情合理的：工业革命时期血汗工厂雇用童工的悲惨故事，让正派人士对任何带有儿童剥削色彩的东西都保持着谨慎的态度。此外，富裕的家庭有能力为其孩子提供足够的时间和资源，让他们从事自我完善的活动，包括从阅读到体育运动，再到钢琴课程。这些都是宝贵的体验，如果没有这样的机会，孩子们的生活将会变得更加贫乏。

但是，这样的活动只占孩子们空闲时间的很小一部分。除了看电视、逛商场，孩子还应该留出一些空闲时间来帮助别人。然而，这里有其他一些不太合理的理由阻碍孩子这样做。第一个常见的原因是父母认为让孩子做些有用的事情反而太添乱——“添的乱比帮的忙还多”。第二个原因是父母担心孩子的其他活动和义务已够让他们忙活的，他们“都快被压垮了”，因此不能再给他们增加新的负担。第二个原因源于一种普遍的担忧，即现在的孩子成长得“太快，来不及适应”，这一点在育儿畅销书中已经被专家们广泛提及。

第一个原因是一个自我实现的预言。让孩子们变得无能和真正低自尊的最可靠的方式就是把他们看作无能的人。如果父母认为不能指望孩子完成某项任务，那么孩子就会把这一信息记在心上。他们就会想，“我不是做……的料”。于是，他们就会形成对其自身能力的消极信念。在这个过程中，孩子会坐失良机，无法发展这项任务所需要的技能。因此，消极信念会发挥它的消极作用。

事实上，孩子们在很小的时候就比我们成年人认为的更有能力。他们能在接受挑战和证明自己的过程中茁壮成长。能力动机是每个孩子在练就一身本领的过程中不可或缺的东西，一旦被激发出来，它就能让孩子充满热情和活力地发展他们自己的能力。尽管如此，我们还是想出了多个办法来抑制孩子天生的能力动机，其中最常见的一个办法就是我们对孩子提供帮助的能力进行毫无根据的怀疑。

第二个原因——在没有增加新负担的情况下，孩子们“都快被压垮了”——和第一个原因一样站不住脚。孩子是非常顽强的物种，他们不会因为参加合理的活动而感觉负担过重。他们在上学6个小时后不需要回家坐在电视机前“放松”，但他们确实需要把自己的精力充分而愉快地投入到有意义的追求中。对孩子来说，他们的压力不是因为忙碌，而是因为他们接收到了关于自我的相互矛盾的信息以及经历了一个人无法控制的生活变故。让孩子获得满足感的活动和让他们引以为豪的成就，缓解了他们的压力，而不是给他们带来了压力。在这方面，那些为他人提供真正服务的活动是非常理想的。

甚至在近代历史上，我们的家庭在某些情况下也需要向我们的孩子寻求帮助，尽管我们可能会感到一些不安。其中有些情况是暂时的，如洪水等自然灾害发生、家里人罹患重病或家庭发生灾难性变故。由于这样的情况来得快去得也快，所以我们很难知道孩子们对其在危机期间获得的额外负担是如何反应的。但在近代史上，我们的社会发生了一场旷日持久的经济危机——“大萧条”，历史学家和社会学家已对此做了比较全面的记录。其中有些记录包括当时遭受经济重创的家庭中孩子的发展情况。这些数据并没有证明，要求孩子每天帮忙做家务活和帮家里做其他事情会产生不良的影响。相反，这些数据表明，孩子自然而然地适应了这样的要求。他们充满活力和自豪地分担着家务活，带着童年时代的蓬勃朝气。这些经历给了这些孩子学习个人和社会责任的宝贵机会。用一句老生常谈的话来说，这是塑造品格的经历。与当今许多父母和专家的担忧形成鲜明对比的是，这些要求既不会给孩子带来压力，也不会让他们感到疲于应付。

在整个现代社会，甚至在儿童发展专家当中，人们对儿童天性的误解程度让我一直感到很惊讶。几年前，我组织了一批教育工作者，为贫困社区的孩子们制定一个要求较高的课后辅导计划。我的想法是为那些在课堂上有学习困难的孩子提供充满活力、引人入胜和有教育意义的活动。通常来说，这些孩子在下午并没有太多的事情可做，除了在街上闲逛和惹是生非。我们设计的计划结合了激动人心的教学项目、社区服务以及读写和算术辅导。我们为这个课后辅导计划拟了一份提案，并把它寄给了一家受人尊敬的资助机构。该机构有一个知名的由儿童发展专家组成的专家小组，他们负责审核这份提案。专家们最后反馈回来的意见是：孩子在下午没有精力完成任何事情，因为他们在那个时候已经“筋疲力尽”了。他们需要把放学后的这段时间留给自己，进行“充电”。

不让孩子接受要求高的挑战，特别是不让他们为他人服务，这对他们其实是有百害而无一利的，因为这剥夺了他们培养能力意识和社会责任感的机会。它给孩子传递了两条完全错误的信息：（1）他们什么都做不了；（2）他们只为自己而活。第一条信息掩盖了孩子天生的智力、坚韧和活力，第二条信息与做一个全面发展的人格格不入。

不让孩子给家里帮忙已经够具有误导性了。但是，现代社会中的许多家庭做得更过分。他们不仅不指望孩子为他人服务，而且还减少了自己应承担的照料自己的责任。在孩子们早已能够自己穿衣服的时候，忙碌的父母仍然在帮助他们穿衣服，因为父母认为这样做更快、更省事。父母帮孩子们叠床、打扫卫生、做三明治和点心以及开车送他们到他们原本步行或骑车就可以轻松、安全到达的地方——父母做这一切全是因为他们感觉让孩子做这些事情要么会给他们添乱，要么会让孩子感觉太吃力。再一次，个人无能感成了自我实现的预言。孩子很快就相信叠床太难做不了，路太遥远走不了。我想不出还有什么信念能严重损害孩子的发展前景。

我们系统性地低估孩子的能力，也就限制了孩子的成长潜力。我们不指望孩子为他人服务和自己照顾自己，也就阻止了他们获得社会和个人责任感。我们纵容孩子们满足他们自己每时每刻的喜好。归根结底，这样的取向是一种令人特别不满意的自我中心主义，因为它只关注没有特殊技能或无法给别人提供有价值服务的自我。与此相反，让孩子为他人服务的定位，可以给予他们超越自我的目标感，从而让他们更加坚定地相信自己。

培养孩子的精神信仰

同样，培养孩子的精神信仰也会促进他们的心理发展，使他们能够充分发挥自己的智力和社会潜力。这一原则虽然听起来很有益，但是在今天的文化中并没有被广泛接受。目前的育儿观念对精神信仰持怀疑和谨慎的态度，以至于斯波克博士自己在提出这一概念时都带着一种歉意。

我在本章中论述的最后一组错误观念与儿童的精神信仰有关。有三个错误观念尤其具有限制性。第一种错误观念认为小孩子无法理解或欣赏精神信仰。第二种错误观念毫无缘由地担心孩子会因为接触到别人的精神和宗教信仰而受到伤害。第三种错误观念认为，在现代科技社会里，精神信仰本身显得有点格格不入，或至少有些无关紧要。所有这些错误观念都源于对各种心理学理论的误解，而它们已渗透到了今天人们的意识当中。

精神信仰和宗教信仰绝不是同义词。正如我一直谈论的那样，精神信仰是一个更广泛的概念。然而，无论是在我们的童年时期，还是在我们后来的人生阶段，人们常常用宗教信仰来指代精神信仰。我们对儿童精神潜力的了解多来自观察他们对上帝的看法和感受。许多认为让孩子接触精神信仰存在风险的错误观念都源于有关宗教传统的争议。在本章的剩余部分，我将分析孩子的宗教信仰，并引出我的一些观点和例证。

心理科学很少清楚明白地描述儿童的宗教信仰，大多数儿童心理学课本会忽略这个话题。研究人员担心涉足这种“软的”

和虚无缥缈的领域可能有损其科学声誉。就连临床医生也小心翼翼地对待这件事，他们不确定是该把儿童的信仰表达视为适应不良的症状还是适应性的洞察力。在心理学领域，这种警惕的根源可以追溯到西格蒙德·弗洛伊德（Sigmund Freud）对宗教的反感。弗洛伊德写道，“宗教就好比儿童神经症”，“从童年时期起就是一种毒药”。当然，这种观点没有留下解释的空间来让人证明精神信仰对儿童发展可能具有的积极作用。

除了弗洛伊德，其他人的观点也对儿童精神发展的主题表示了怀疑。让·皮亚杰就出了名地对宗教不友好，他认为儿童关于上帝的说法是“不可思议的”或“万物有灵论的”信念，孩子在成长的过程中通常会慢慢放弃这些信念。更让事情变得扑朔迷离的是，皮亚杰的许多追随者误读了皮亚杰的经典著作，误以为它们声称儿童没有抽象思维的能力。皮亚杰确实写道，儿童很难将具体事物与抽象事物分开，他们往往不能运用抽象符号进行数量运算；但是，皮亚杰并没有声称儿童没有抽象思维的能力。对皮亚杰的这种误读导致教育界的许多人避免让孩子们讨论生命的意义、死亡和其他形而上学的问题。因此，值得注意的是，人们用同一个理论来否定儿童的精神信仰，却使用了两个相互矛盾的理由：第一，宗教信仰只不过是孩子气的幼稚想法；第二，儿童没有抽象思维能力，无法讨论形而上学的问题。

我们在这两方面应该有更深刻的认识，尤其是鉴于现在一些研究人员的著作已经超越了弗洛伊德和皮亚杰的传统研究范围。现在的研究已清楚地证明了儿童理解深刻的宗教思想的能力。这些研究也证实了信仰对儿童生活的价值。心理分析学家安娜·玛丽亚·里祖托（Anna Maria Rizzuto）为精神病学研究开辟了宗教发展的领域，她撰文论述了小孩子理解宗教思想的早期能力：

> 从很小的时候开始，在面对生活的分歧时，孩子就已是父母、神学、事物秩序以及最重要的——自己——作为独特个体的复杂表述者。孩子们对所有这些事物形成的个人阐释构成了类似原始宗教的东西，带有以儿童为中心的神性、精神上的仪式以及复杂的信仰，所有这些都承载着情感生活体验中信念的力量。

在一项旨在将皮亚杰的认知发展理论扩展到未知领域的计划中，心理学家詹姆斯·福勒（James Fowler）记录了孩子在其生命早期丰富的宗教信仰和信念。福勒论述了小孩子至少存在三种信仰体系：“原始的信仰”，它是婴儿期和蹒跚学步时期的特征；“直觉－投射的信仰”，这在学龄前儿童身上很常见；以及“神话－原义的信仰”，它出现在小学及以上阶段。

福勒展示了这些信仰体系的演进是如何顺从孩子智力发展的方向的。他还展示了每个信仰体系是如何以自己的方式帮助孩子弄明白他们与宇宙的关系的。

对于孩子来说，凝视自身之外的虚空可能会像成年人一样感到害怕。像成年人一样，孩子会自然而然地依靠信念和信仰体系来填补这一虚空，并赋予其意义。对许多孩子来说，这是宗教信仰的主要功能。福勒列举了许多例子，说明宗教观念是如何为小孩子发挥这一功能的。下面是一名刚刚在车祸中失去母亲的 4 岁女孩和一名家庭事工[①]之间发生的对话：

朱莉：为什么上帝要把我妈妈带到天堂去？

家庭事工：这个问题很难回答，朱莉。当你妈妈在车祸中受重伤时，她非常痛苦。也许上帝不想让她那么痛苦，所以他就把她带去了天堂。

朱莉：但是，为什么上帝要让那个人撞上我妈妈的车呢？

家庭事工：朱莉，我猜上帝没有安排这一切发生。有时候上帝没有安排的事情也会发生。我想当你妈妈受伤的时候，他可能也感到非常难过。

① 事工是指教会的成员执行教会所任命的工作。

朱莉：在斑猫（她家里的猫）死的时候，妈妈说上帝把她带到了天堂。他不是把妈妈也带走了吗？我想让她回来。为什么上帝不把她带回来呢？

当然，朱莉令人心碎的最后一个问题没有答案。在这里，至关重要的是讨论的语言，而不是解答的可能性。朱莉对自己难以想象的损失的反应是通过宗教思想寻找意义。正如福勒所写的："仅只有4岁，她就愿意使用宗教语言。这个迹象强烈地表明她努力根据她理解的上帝来弄懂她母亲去世的含义。"朱莉的提问显示出了一个4岁孩子的精神追求：即使在面对一场不可理解的悲剧时，她也坚信其中一定蕴含有更深刻的意义；她通过个人观察和社会交流来积极寻找意义；即使用尽了逻辑等智力工具，她也要坚持下去，毫不动摇。

在最近开展的另一项开创性的研究工作中，儿童精神病学家罗伯特·科尔斯（Robert Coles）从儿童的绘画、自发的沉思和对话中揭示了一个丰富的精神信仰和思想世界。科尔斯还指出了儿童宗教信仰的功能："儿童不仅试图理解发生在他们身上的事情，而且试图知道为什么；在这个过程中，他们会省视他们所经历的宗教生活和他们所获得的精神价值观。"在科尔斯观察的许多孩子中，最典型的是一个9岁的女孩。她认为上帝是“一个永远不会离开的同伴”；她说：“上帝在天堂里，但是他也在我的脑海里。”科尔斯指出，这个女孩的话语证明了许多小孩子的精神发展和心理发展之间的密切联系。这种联系可以引导孩子们朝着深刻而富有成效的方向发展，因为他们形成了自己的价值观和对生活的理解。这可以成为孩子们品格发展的核心支柱。在一段具有远见卓识的话语中，科尔斯写道：

> 这些男孩和女孩的任务是在一起编织一套特别的道德规范，它既关乎个人，又与宗教传统紧密相连，然后思考（精神生活的本质）他们在道德上的成败，以及他们作为终有一死的人类的前景。

今天的成年人对于孩子的宗教兴趣感到困惑不已，以至于他们经常极力劝阻孩子提出精神信仰方面的问题。在最糟糕的情形下，孩子们的意图会被误解，甚至受到污蔑。面对深奥的谜团，孩子追求信仰和形成超凡信念的需要被贬得一无是处，这令孩子感到非常懊丧。这让我想起了我在一次巡回演讲中观察到的并在《儿童道德》中讲述过的一件事。我在这里简短地复述一遍，因为这个故事证明了成年人对孩子天性的错误认识可能会影响孩子们获得和使用精神信仰寻找意义的自然需求。

这个故事的背景是在课堂上是否应该传播宗教观念的全国大讨论。一位年轻的老师在一个典型的学区开始了她第一年的教学工作，这个学区包括不同宗教教派的礼拜者。当地学校董事会决定，为了确保所有信仰得到保护，老师禁止向学生传播宗教观念。这个董事会还发布了相关的规章制度。这位年轻的新老师，在职前培训中就被告知了这一制度，并毫不犹豫地接受了它。

整件事是从课堂上一个科学项目开始的。在这个项目中，这位老师要求她的一年级学生在一个受控的环境中饲养一些小鱼。每个孩子都有一条小鱼需要照顾。过了没多久，一个小女孩的鱼死了。这个女孩很想知道鱼死了以后会发生什么。它会在某个地方复活吗？它还会快乐吗？它还会记得那个照顾过它的小女孩吗？这位老师立即意识到这些问题属于形而上学的问题。因此，她只是向小女孩保证，这条鱼没有痛苦，它可能会被埋在学校的院子里。她告诉小女孩，他们再也见不到这条鱼了，并建议她领养一条新的小鱼。

第二天，恼羞成怒的校长把这位女老师叫进了他的办公室。他质问这位老师怎么能告诉她的学生，鱼死后会上天堂呢？显而易见，小女孩向其父母转述了她的小鱼死亡的故事，但她在老师的话语中又添油加醋地加进了有关天堂和来世的内容。小女孩的父母皈依的宗教主张人类具有精神生活，而动物没有精神生活，因此他们反对自己的女儿在学校里学到鱼可能有来世这样的观点。

当我见到这位老师时，她告诉我，她对这个小女孩的疑虑挥之不去。她忍不住想知道这个女孩是不是在搞恶作剧，想故意挑起事端。这个女孩也许天生就不诚实？或者，她对老师怀有什么不为人知的怨恨？这些令人不舒服的问题在这位老师的脑海中交织在一起。她的基本判断是，这个小女孩只不过是个孩子，稚气未脱。但是，她又为何如此挑衅性地向她的父母错误转述老师的话呢？

这个故事中的每个成年人都未能理解这个小女孩以及她的意图或她的发展需求。不知何故，小女孩的父母认为，如果孩子把他们教会的教义弄错了，那么孩子的宗教前途就毁了。这位女老师认为小女孩一定是在搞恶作剧，故意捏造事实。校长似乎并不关心什么精神信仰，而只希望不要出什么乱子。事实上，这个孩子所做的事情对一个 6 岁的孩子来说是自然而然的：用一个久经考验的宗教观念来解释深刻而令人不安的死亡问题——在这个问题上，显然没有人给她一个比较满意的答案。

在试图理解心爱的小鱼死亡的事情时，那个伤心的女孩借助了天堂这个有用的概念，因为在天堂，好人都会有好报。当然，这是在我们的文化中广泛存在的一个概念。这也是孩子们很容易理解的一个概念，他们习惯于根据自己容易想象到的事物和地方来思考精神观念。相比之下，那个失去小鱼的女孩不太可能理解她的老师给出的“再也见不到这条鱼”的隐晦答案。她的父母认为人类具有精神生活，而动物没有精神生活，这种抽象的区分不可避免地会给这个小女孩留下一些概念真空，尽管这种区分在经典神学中可能是有充分根据的。这个小女孩以一个6岁孩子特有的创造性方式填补了这个概念真空。这使得她对老师的解释进行了一番修改润色。这个小女孩是否意识到她自己的版本与老师的解释并不相符呢，我们不得而知。但我们可以肯定，小女孩之所以这样做，是因为一个6岁的孩子需要理解一件令人困惑和不安的事情，而不是因为一些早期的品格缺陷。这也不是因为她的精神发展出现了偏差。事实上，这是朝着正确的方向迈出的一步，应该受到所有关心这个小女孩个人发展的人的鼓励。恰恰相反，这个故事中的每个（成）人都显得很生气。

我们的社会通过无数种方式抑制了孩子的精神成长。我在本章前面的部分提到了两种可能相互联系的方式：培养孩子们的自我中心主义和不期望孩子们为他人服务。在这里，我再加上第三种更直接的方式，它源自人们对孩子的精神信仰本身的警惕和恐惧。这种警惕的态度既影响到了孩子自己的精神表达，也影响到了他们对别人精神表达的观察。

在远远超过一代人的时间里，人们对于是否应该公开展示马槽[①]等宗教象征物进行了激烈的论战。学校已经成为这场战斗的前线。学校祈祷这一热门话题只是冰山一角。在我所在的社区，我已看到一些卓有成效的运动反对儿童唱圣诞颂歌、把烛台带到学校以及在课外合唱团中唱精神安魂曲（我也看到，在听到一群人抱怨他们健康向上的表演时，孩子们眼里流露出愤世嫉俗的神色）。

孩子们不会这么容易受伤或误入歧途，他们有弹性、有目标、有智力——毫无疑问，比大多数成年人认为的强很多。孩子们不会脆弱到因接触与他们不同的信仰而崩溃，也不会因这样的接触而被立即洗脑。相反，真诚地展示别人的信仰可以鼓舞年轻人。这样的展示可能会让孩子肯定自己的精神倾向，而不是——如在面对宗教审查的危险时——彻底否认信仰的有效性。错误的保护儿童的方式只会干扰他们自己天生的需要和爱好。这些尝试误解了孩子的天性，并最终利用孩子来演绎我们自己的精神冲突。当我们认清孩子的天性时，我们会做得更好，孩子们也会做得更好。这样一来，我们就可以在其天赋提供的坚实基础上来帮助他们培养自己的品格。

---

① 在基督教传说中，耶稣降生在马棚里，圣母马利亚曾将襁褓中的耶稣放在马槽中。——编者注

第5章
现代错误概念之二：错误的对立

观念的两极分化

在今天关于青少年的公开讨论中，最扭曲、最令人不安的是教育和育儿观念不必要的两极分化。对立思维占据了主导地位。在教育中，我们争论的问题是：我们应该教孩子学科知识还是思维技能；我们应该让学校变得有趣还是严格；我们应该通过看字读音教学法还是整体语言教学法来教授阅读；我们应该强调品格还是成绩；我们应该鼓励孩子养成良好的习惯，还是培养他们的反思能力。在家庭中，我们争论父母是应该强调自由还是责任，是应该强调自我表达还是管教。在社区里，一些人主张增加孩子们的权利，另一些人则主张增加孩子的责任。

还有一些问题也可能会产生争议，例如我们是应该直接劝告孩子们戒掉毒品和性欲，还是否应该更详细地指导他们认识其风险。

在每一种情况下，都会发生激烈的辩论，就好像所有的可替代方案都是相互排斥的，是势不两立的，而不是相互联系的。政治领袖和民间领袖采取了过于简单化的立场，并在这些立场之间制造了巨大的鸿沟。许多人是故意这样做的，以便在有争议的问题上把自己放在一边，把对手置于另一边。这就是现代的政治策略，即制造情感“楔子”来吸引选票。就复杂的社会问题而言，这种策略既不负责任，又不实事求是。真理总是夹在虚假的对立面之间，丧失在巨大的鸿沟之中。

育儿问题的两极分化，除了让真相变得扑朔迷离外，还导致老年人群体陷入瘫痪，他们本应该被动员起来为年轻人提供指导的。对立思维造成的瘫痪是导致今天如此多年轻人迷失发展方向的主要原因。为了改变年轻人普遍士气低落的现象，负责任的成年人需要团结一致，而不是互不买账。

我们未能在全国范围内发起品格教育倡议，这就是对立思维会造成严重恶果的一个明显例子。这并不是说，人们没有就学校是否应该传授价值观或传授哪些价值观达成一致意见。事实上，人们已达成了广泛的共识，即我们需要一些教育项目向年轻人传播核心的社会价值观。1993 年一项盖洛普民意调查显示，超过

90% 的美国父母同意公立学校传授这些核心价值观：道德“金规则”、道德勇气、关爱、对不同种族和民族背景的人的包容、民主和诚实。（事实上，97% 的受访者支持诚实这个核心价值观；这让人不禁感到好奇剩余 3% 的人在想什么。）

这样的共识表明了人们共同关心的问题，人们应该针对这样的问题形成强有力的公共政策。然而，在 1994 年春天，一项支持品格教育的专题会议和某些示范性项目的温和决议，在美国国会委员会中被以 23 票对 6 票的悬殊差距彻底否决。这是美国国会近年来第 7 次拒绝品格教育倡议，尽管实际的情况是，正如一位孤立无援的国会支持者哀叹的那样，“整个国家都在为此而呐喊”。

原因何在呢？政客们选择了忽视人们对于向年轻人传播价值观达成的广泛共识，转而关注导致全国人民分裂的热点争议问题：堕胎、同性恋、禁欲和宗教表达，等等。正如一位记者所说：“自由主义者担心品格教育运动可能会为宗教与公共教育的融合大开方便之门……与此同时，保守派人士担心品格教育会传播政治正确和削弱父母权威。”你可能会认为，鉴于人们共同关心的青少年行为问题，双方可能会同意支持关注诚实、关爱、民主等的品格教育计划，而将其他问题留在私人领域。但是，人们在更具争议的问题上的持续对立，已经断送了人们进行任何合作的可能性。

这样的瘫痪已经蔓延到了整个教育领域和其他领域。正如一位报道品格教育困境的记者所写的那样：“华盛顿发生的争议与这样一个事实有很大的关系：联邦政府插手教育的几乎每个方面，这实际上导致了多年的不和谐。”政府为解决其他严重的青少年问题如吸毒和早孕所作的努力，都因为类似的令人无奈的争吵而屡屡受挫。我们似乎宁愿互相争斗，也不愿结成统一战线，为青少年提供他们所需的指导。

为什么在面对许多非常严重的社会问题时相互对立的立场仍然存在呢？我们只能揣测。一些人指出，现代媒体的贪婪和煽情主义滋生了一种破坏性的“批判文化”。一位观察家写道：“如果公共讨论是一场论争，那么每个问题都必须有两个方面——不多也不少……批判文化的基本信念是，有反对意见才会有真相。”

在青少年发展方面，这样的情况尤其成问题。虽然在民主社会中，公共生活的许多领域的确可以通过激烈的辩论得到改善，但在青少年发展问题上，太多的对立冲突只会适得其反。它侵蚀了人们一致认可的价值观。我们成年人需要凸显这些价值观，从而确保所有的孩子完成社会化过程。我们的很多社区未能为年轻人提供正确的发展方向，恰恰是因为我们已无法再达成这样的共识。

情况并不总是这样。虽然哲学家和社会学家一直对青少年的发展及其最好的促进方法争论不休，但是这样的争论并没有演变成公共领域针锋相对的政治辩论。一方面，有关人类发展的错综复杂的问题不能被简化为沙文主义。教育和儿童医学方面的问题被视为技术问题，需要一定程度的专家分析。另一方面，道德问题，如儿童的品德发展，被视为私人问题，而不是公共问题。在通常情况下，这类问题都由教会和家庭来处理。在大多数社区，人们对什么最有利于儿童发展已有普遍共识。如果人们对这样的事情持有不同的意见，那么这些意见也不会公开讨论。

这一切都发生了变化。近年来，公众人物在教育、“家庭价值观”和育儿方面采取了强硬的立场，以期谋取自己的政治优势。人们对待青少年发展的态度已变得截然不同且两极分化，而促成这种两极分化已经成为新的政治战略的核心组成部分。新的政治战略就是创造文化“楔子”问题，让政治候选人与其竞争对手区分开来。

例如，在1988年和1992年的总统选举中，两个主要政党都有意识地将教育带入政治辩论的舞台。一些重要的公众人物就择校和学生考试分数等教育问题发表了政治演说。他们还讨论了家庭问题，比如单亲家庭的困难以及女性是否应该成为全职母亲。这些政治对手因其在育儿问题上公开发表观点而受到了猛烈的抨击，因为这些问题曾被认为是非常私人的问题。

实施这一战略对于政治家来说是值得的，因为我在本书第一部分概述的青少年问题正日益引起人们的关注。不幸的是，这一战略在确定科学合理的育儿方式方面具有的价值与它的政治回报并不相称。事实上，正如我将要证明的那样，两极分化本身正在恶化它原本想要解决的社会问题——包括现在父母的失望和年轻人的士气低落。

为了确保我们年轻人的未来，我们需要重建一位社会学家所说的“青少年宪章”——即我们应该引导年轻人达成什么样的行为和目标的不成文的社会共识。弗朗西斯·扬尼（Frances Ianni）在一项针对 300 多个美国城镇的研究中发现，与被广泛宣传的富裕程度、种族、地理位置、家庭结构或社会地位等因素相比，“青少年宪章”可以更好地预测青少年的健康行为。

对于所有理解多重影响之源对孩子的社会发展至关重要的人来说，这一点并不令人感到惊讶。年轻人从他们生活中的所有人（甚至包括他们从电视广播中了解的公众人物）那里接收关于什么是对的和什么是错误的信息。正如我将在第 7 章中所阐述的，多重信息来源协同发挥作用，引导孩子朝着有益的方向发展。当这些信息相互冲突时，它们就会失去一致性。这可能是年轻人在生活中感到困惑和士气低落的主要原因之一。

两极分化还有其他意想不到的有害影响。它过分简化了针对当今青少年问题的可替代解决方案，并将这些解决方案相互隔离开来。结果，没有任何一种解决方案足以应对我们面临的挑战。犯罪和暴力、年轻人令人不安的冷漠、低成就、自我中心、有可能吞没整整一代人的士气低落浪潮，这些都是错综复杂的、多种因素导致的问题，任何简单的解决办法都无济于事。要打赢这场硬仗就需要集思广益，就需要我们社会各阶层的共同努力和合作。没有一个单一的解决方案足以解决问题，特别是当这个解决方案的提出是为了一个间接的目的——彰显一个非常明显和容易理解的政治立场的时候。

在本章中，我谈到了一些错误的对立，它们源于并反过来助长了对当今青少年问题的过度政治化的公开讨论。我在本章中的中心思想是：我们的对立心态让我们对更微妙和更复杂的真相视而不见，而如果我们要给儿童提供适当的指导，我们就必须掌握这些真相。除非我们越过这些错误的对立，认清儿童的天性和他们的发展需要，否则我们只会让年轻人沉沦在他们的冷漠和愤世嫉俗中。

许多错误的对立源于对孩子和成年人之间的正确关系的不同看法。这里最根本的两极是“以儿童为中心”和“以成年人为中心”的倾向。这种两极分化导致了人们在诸多问题上的看法出现了很大的分歧，例如孩子们的教育需求、他们的权利和责任以及父母的管教等。我认为，这种两极分化创造了两种失衡的立场——以儿童为中心的立场和以成年人为中心的立场——以及在这两种立场之间极端的、非理性的摇摆。这种两极分化还催生了一系列关于孩子天性的错误对立。这里的争议在于：孩子们的能力有多强——孩子们的能力有多弱；他们有多顽劣——他们有多脆弱；他们是如何学习读写和其他技能的——他们如何才能最好地发展品格和能力。每一种错误的对立都掩盖了真相，转移了我们的注意力，使我们不再迫切地努力寻找建设性的方法来培育今天所有的年轻人。

以儿童为中心的失衡

如果说有一语成谶的例子，那么“以儿童为中心”这一短语的发展史就是一个例子。从很多方面来说，这是一段充满希望的历史，是一部关于儿童的独特视角和需要的启蒙历史。然而，从另一些方面来说，这又是一部过于简化的、令人困惑的历史。科学洞见被系统性地曲解，复杂的科学真理沦为与真理本身背道而驰的口号。最糟糕的是，人们把以儿童为中心的方法当成了一种教条，与更传统的、以成年人为中心的立场对立起来。

在过去的两个世纪里，成年人看待孩子的方式发生了一场革命。尽管没有那么喧闹，但这是一场思想上的转变，其深刻程度不亚于哥白尼革命。哥白尼革命将宇宙的中心从地球转移到了太阳，而这一次革命则将儿童教育的中心从成年人转移到了儿童。从儿童研究中得出的新见解是，孩子们不能被简单地理解为“小大人”。他们有自己特殊的感受、愿望和幻想，他们看待事物的方式与成年人大有差异。

在我们逐步认识到这一点的过程中，出现了许多个里程碑。几个世纪前，绘画和文学作品刻画的儿童是未完全发育的、样貌粗俗的“小大人”——他们没有显示出与其年龄相符的身体或行为特征。人们通常认为儿童比成年人知道得少，而不会认为他们看待事物的方式与成年人不同。哲学家让－雅克·卢梭是早期反对以成年人为中心的观点的人，他写道：“儿童有自己观察、思考和感受的方式，没有什么比试图用我们的方式来取代他们的方式更愚蠢的做法了。”在19世纪，艺术、文学和科学开始认识到儿童独特的内心世界。人们通过诗歌、故事和“成长小说”来探索年轻人的梦想和恐惧。查尔斯·达尔文（Charles Darwin）和威廉·普赖尔（William Preyer）等著名科学家均对儿童的思想和情感产生了兴趣。但是，最大的飞跃发生在20世纪，瑞士认识论学者让·皮亚杰推出了其里程碑式的著作。

在长达60年的职业生涯和数十项开创性的科学研究中，皮亚杰一次又一次地指出，从第一天起，人类的发展是一个认知结构彻底重组的过程。从心理学上讲，这意味着一个人的思想和信念可能会从一个发展阶段完全转变到下一个发展阶段。这里列举皮亚杰最喜欢的一个例子：在很小的时候，一个孩子可能会认为，一个又高又瘦的杯子装的一升水可能比一个又矮又胖的杯子装的一升水更多。两年后，同一个孩子可能会说两个杯子里的水一样多，甚至可能会否认他以前说过这样的话，因为这样的话听起来非常荒谬、不合逻辑。皮亚杰理论的研究人员提供了人类认知结构在婴儿期、儿童期、青春期和成年期重组的数千个例子。有些重组与逻辑概念有关，有些与自我的看法有关，有些与道德信仰有关，还有一些与自然和社会环境的性质有关。

皮亚杰在20世纪20年代出版的第一本书像风暴一样席卷了知识界，永远改变了作家、教育工作者以及父母们理解儿童精神生活的方式。40年后，皮亚杰的理论有了更大的实证基础和更复杂的数学公式作支撑，在世界范围内重新燃起了人们的兴趣。在此期间，皮亚杰的作品第一次获得了科学心理学学科及其分支学科的真正认可。发展重组的概念在儿童心理学、社会学、品格理论、心理生物学和认知科学等学科中广泛传播。“儿童有自己的世界观”这一理论性较弱的概念，扩展到了教育、临床心理学、精神病学、医学和法律等应用领域。

儿童有他们自己的理解事物的方式，这是皮亚杰自己在对儿童逻辑的独特性进行分析时提出的概念，这也是一个温和且足够准确的概念。近些年，严肃的儿童认知科学研究在方法和实证基础上都极大地受益于皮亚杰对这一问题的远见卓识。当代重要的认知科学领域的基础正是皮亚杰的思想，即让儿童从做中学，做积极的信息处理者。

但是，这些远见卓识在应用领域中的运用却没有那么准确，也没有那么有效。在教育领域，孩子们有自己的思维方式的概念，已经演变成众所周知的“以儿童为中心”的学习方法。这种方法已成为缺乏学术严谨性和教学目标不清晰的代名词。正如我将在第 9 章中阐述的那样，源于真正的皮亚杰认知科学理论的发展方法，与我们学校现在盛行的“以儿童为中心”的松散的学习方法没有什么共同之处。不幸的是，两者在人们的心目中已被混为一谈了。通常而言，好的思想被扭曲比直接攻击它对其可信度造成的危害更大。

在父母当中，以孩子为中心的信念夸大了他们对孩子每时每刻的感受的担忧。它们也阻碍了激发孩子去获取成就的努力；它们还侵蚀了父母管教孩子的基础。在临床专业，以孩子为中心的观念让人们感到困惑，人们不知道该如何解释和对待孩子的幻想。在法律界，它们让年轻人的权利和责任变成反复无常和毫无根据的失衡。

在每一种情形中，科学的有效见识都被两极分化的辩论所削弱，这些辩论将以儿童为中心的方法与以成年人为中心的方法对立起来。由于这两种观点被隔离开来，它们都失去了平衡，也失去了核心智慧。近年来，较新的以儿童为中心的方法正在逐渐取代较传统的以成年人为中心的方法。但是，尽管以儿童为中心的方法在实践领域和其他领域积累了一些势头，但是它被证明越来越不足以应对它所面临的挑战。只要错误的对立造成了不平衡的、片面的立场，这种情况就会一直持续下去。

在现代世界的各个地方，以儿童为中心的教条正在迅速主导学校教育，特别是在幼儿园和小学。用教育工作者的话来说，“以儿童为中心”通常是一种放任自流的学习方式，它允许孩子按照自己的节奏前进、追求自己的兴趣以及从自己的行动中学习。它遵循了一种被称为“建构主义”的学习观点——这一观点也被广泛认为是皮亚杰的观点。

建构主义假设孩子通过他们自己的心理和身体活动，而不是通过别人提供给他们的信息来构建关于这个世界的知识。因此，教育工作者应竭尽全力创造好的学习环境，让孩子自发地行动，并从中获得具有启发的反馈信息。建构主义现在是一个根深蒂固的运动，有自己的基层组织和时事通讯。它主张学校不要强调正规的教学、普遍性的要求、事实的掌握、死记硬背的学习、外部的激励（如成绩）和标准化的考试。它强烈支持这样的观点，即学习应该是有趣的、引人入胜的以及具有内在激励性的。

就像所有真理一样，在一定的语境中，这些都是有价值的想法，但是，当它们被过于简化和过度扩张时，它们很快就会失去价值。毫无疑问，建构主义对我们理解孩子的学习过程作出了重要的贡献。孩子通过他们的行动来了解这个世界，这样的认识已经朝好的方向改变了儿童发展研究和实践。我们不再被禁锢于这种毫无成效且不太可能的假设：孩子们会像海绵或录音机那样被动地吸收知识。我们不再认为所有人，包括孩子，会以同样的方式接受和解释信息，就像伯尔赫斯·弗雷德里克·斯金纳（B. F. Skinner）和其他行为学家曾经认为的那样。孩子的内心世界具有不同于任何成年人的特殊属性，这样的认识才是有效的，也是有益的。

但是目前，这些思想在教育上的应用看起来更像让－雅克·卢梭的偏激的、片面的观点，而不是让·皮亚杰及其追随者们的严谨的、复杂的科学。事实上，皮亚杰不仅是一位建构主义者，也是一位互动主义者。当皮亚杰写道孩子通过他们自己的行动学习时，他并不是说他们在真空中学习。正如皮亚杰所阐述的那样，这个学习过程必不可少的是孩子的行为在现实世界中获得的反馈信息。学习不仅仅是一种行为，更是一种互动。孩子用手指戳一个物体，它会移动，孩子从与真实物体的互动中学到了一些关于运动物体的知识。同时，另一个人——父母、老师或同龄人——也可能会对这个孩子谈到这样的经历。因此，孩子也从社会互动中学到了一些东西。这个孩子自己最初的行为对学习过程至关重要，但是这并不意味着这些行为本身就教会了这个孩子需要知道的一切。

在他的大部分研究中，皮亚杰强调了孩子与物理环境的互动，但是他广泛论述了社会互动对孩子学习的贡献。新皮亚杰理论以及其他认同皮亚杰儿童主动学习模式的传统理论学家的最新著作，甚至进一步强调了所有学习的社会互动基础。事实上，现在几乎所有关于儿童发展的严肃理论作品都认为，对于孩子来说，学习既不是一种唯我独尊的表达，也不是一种被动的体验，而是学习者、老师和现实世界之间复杂、广泛和多层次互动的结果。

我们很少有针对幼儿的教育项目体现这一智慧。目前，建构主义在教育中的应用，只保留了皮亚杰互动主义的一个方面，即以儿童为中心的方面。与此同时，建构主义的观点已经在教育领域占据主导地位，特别是在低年级的老师当中。因此，大多数地方的幼儿教育变成了一个结构松散的大杂烩，包括讲故事、唱歌、无人指导的工艺美术、游戏活动和频繁的聚会。人们的标准期望越来越多地是，幼儿需要表达自己、与自己内在的兴趣“挂钩”以及建立自尊，他们的技能和知识可以等到以后再学。还有一种普遍的感觉是，过早引入正儿八经的功课可能会扼杀儿童的创造力，永久损害儿童的学习动机。一些特例如结构更紧密的蒙台梭利教育项目——它也是以儿童为中心的，但取其最本初的、更严谨的意义——要么人气正在下滑，要么已开始屈从于常规做法。而且，这一观点不仅在幼儿教育项目中迅速传播，而且还蔓延到了小学高年级。学生开始学习读写和算术技能，以及掌握基础学科知识的年龄不断被推高。

对于孩子以及所有人来说，低期望只会产生低成效。推迟引入严格的学科学习让学生们除了玩耍之外几乎无所事事，这给人的印象是这确实是他们能做或想做的事情。可悲的是，受这种方法影响最大的是那些在家里几乎从不准备功课的学生：他们正是最需要富有成效的学校体验的学生。拒绝给孩子认真学习的机会，这样的哲学理念注定会导致孩子的学业失败。但是，低期望的自我实现预言对学习快的人和学习慢的人、有准备的人和无准备的人都有影响，因为它在所有学生都渴望并准备好为其理解能力奠定基础的年龄剥夺了他们这样做的机会。

以儿童为中心的观点不仅低估了儿童的能力，而且也搞错了学习的本质。这表现在两个方面：智力方面和激励方面。此前，我论述了建构主义的谬误——它忽视了所有智力成就的互动本质。简而言之，孩子们不能完全靠自己学习：要获得智力发展，他们就需要那些试图教他们东西的人的指导、督促、挑战、纠正和帮助。无论古典哲学存在什么幻想，学习不仅仅是实现一个人最初的内心暗示，它还需要现实、信息、交流和社会支持等外部结构。最重要的是，它需要有组织地呈现系统的知识体系。

大卫·科恩（David Cohen）是现代教育实践的著名批评家，他观察到一位加州老师（他称之为“O夫人”）试图通过基于活动的、着眼于孩子们自发兴趣的教学方法给二年级学生上数学课。这位老师非常敬业，很有热情，而且用心良苦。但问题是，她似乎对教授学科知识并不感兴趣。科恩写道：“在谈到数学问题时，她总是小心翼翼，如履薄冰。”她把重点放在了学生的体验上，而不是她教授的数学概念上。O夫人的教学行为受到了畅销的（和经典的）建构主义专著《按他们的方式教数学》（*Math Their Way*）的指引。科恩是这样描述这本专著的哲学观念的：

> ……体验是生动的、重要的和直接的，而书本都是抽象的概念和死气沉沉的公式。《按他们的方式教数学》还

声称，具体的东西才是幼儿发展所需要的。它多次提到数字是学习数学的“成年人”的方式。这个观念引出了另一个更重要的观念：如果数学教得其法，它就变得很容易……这本书的主张也有助于解释为什么它很少注重解释数学概念……它只需要适当的教学材料和活动就能教好。

在这些原则的指导下，O 夫人只能给她的学生们上一堂令人困惑的、毫无教益的课。她用包含豆子和图表的游戏来娱乐学生，但却几乎没有清楚地解释任何数学知识。在科恩的所有观察中，没有任何迹象表明 O 夫人挑战了她的学生们的现有能力或促使他们学习新的东西。不可避免的是，这个有趣的游戏甚至失去了它的激励作用：“每个人早在游戏做完之前就变得萎靡不振了……”科恩写道。在努力让数学变得简单和有趣的过程中，O 夫人忽略了这门学科的核心概念和技能。这个例子中具有讽刺意味的是，从长远来看，正是学习这些概念和技能的期望为学生提供了最强大的动力。

学习的动力不能只来自内部。它建立在内部和外部诱因相结合的基础上——包括老师的期望、支持、鼓励和成绩。近年来，“内在动机”这个词占据了崇高的地位，在所有从属于建构主义和儿童中心主义的概念中，它已成为其中最不受质疑的概念。

世界各地的教育工作者都认为，如果孩子想要从学校教学材料中受益，它们就必须能从内心里激励孩子。然而，再说一次，事情并没有那么简单。外部动机——通过奖励、压力和其他激励措施来鞭策孩子——在真实的学习过程中也有其重要作用。仅仅依靠学生内在动机的学校教育项目不能教会学生克服与任何追求相伴的、不可避免的挫折和辛勤付出。简而言之，像这样的方法无法让孩子养成他们持续取得成就和真正掌握技能所需要的工作习惯。

最新的研究也支持这一结论。心理学家莫德凯·尼桑（Mordecai Nissan）比较了强调内在动机的学校项目和具有更传统学习动机（如要求完成的作业和分数）的学校项目中学生们的表现，结果发现具有外部动机的学生的表现从长远来看要好得多。它们不仅培养了学生们的技能，而且培养了他们坚韧不拔的毅力，即使在一门学科变得困难或枯燥乏味的时候也能够坚持学下去。习惯于仅仅依靠内在动机的学生往往一失去兴趣就会放弃，他们无法从勤奋、自律的学习中获得随之而来的满足感。

从老师的角度来看，主要根据孩子的兴趣和感受来指导教学，就像在大雾弥漫的黑夜不用指南针来给船只导航一样。没有稳固的学习目标和标准做基础，老师和学生都会迷失方向。当然，老师要用孩子们感兴趣的方式来传递信息和执行教学任务。没有人愿意回归到枯燥训练的日子，那时学生唯一有意义的逃避方式就是盯着窗外发呆或者开始做白日梦。但是，让孩子参与进来并不需要搁置严格的教学议程。从长远来看，孩子们将会对学习学科知识的挑战感到着迷，因为这些挑战将大大提高他们的理解能力。

近些年，在许多场合，我观察到老师们苦苦挣扎，试图根据学生们一时的兴致和感受来指导他们的课堂。他们紧张地在不同的课堂项目之间切换，希望找到一个能吸引学生注意力的项目。在这种教学实践中，老师原本想要解决的孩子们上课走神的问题变得更加严重了，这一点连他们自己都没有注意到。

这样做导致了教学目标的混乱，也导致了教学意图与教学实践之间的矛盾。其中一些矛盾是如此明显，却又如此不受人注意，要不是它们如此有害的话，它们还是很有趣的。我想起我曾经观摩的一次课堂教学中的一个典型例子。在录制课前的谈话中，这位老师表示，她相信自己的首要任务是提高学生们的自尊。但是，正如我在第 4 章中详细论述过的那样，自尊本身并不是一种足够重要的品质，无法成为教育工作者追求的目标。在这种情况下，老师将自尊与她的学生们对他们自己的模糊感觉、他们的功课以及他们与她的关系联系在一起。最重要的是，她希望她的学生在这些事情上都感觉良好。

这位老师的课堂实践结果完全事与愿违。上课后不久，这位老师就失去了学生们的注意力。她努力想让他们对她交代的课堂任务产生兴趣，但收效甚微。她把个别学生拉到一边，教他们如何执行任务，并表达了她自己对这些材料的兴趣，但结果无济于事。由于注意力极其分散的学生感到坐立不安，课堂变得越来越不受这位老师的控制。她最后的反应是一种绝望，因为她没有一个固定的标准来提供更可靠的参照框架。这位老师逐渐提高了她的嗓音，直到声音变得高亢而愤怒。她哄骗、恳求、威胁着学生。没过多久，她就开始对所有不听话的学生破口大骂。“你最不听话！”她对一个学生吼道。“你有什么毛病吗？”她骂另一个学生。“别这么傻！”她斥责第三个学生。接着，由于对一个小男孩感到失望至极，她大声吼叫道：“你简直就是一个废物！”在课后的讨论中，这位老师抱怨这群学生太难应付了。但是，她仍然坚信，作为一名老师，她的首要目标是建立孩子的自尊。

教学目标和实践的脱节使这位老师陷入了困境，这种脱节源于目前整个文化的困惑。尽管我强烈感觉这类事情并不鲜见，但是我也不能说它们有多么常见。我的观点是，在教学过程中，老师和学生缺乏明确的外部标准来引导他们，因而误入了歧途（我将在第 9 章中讨论教育的基本标准）。片面地关注儿童变动不居的内心世界，让孩子们需要的外部标准变得模糊和不确定。

如果任何发展理论都能被用来证明这种方法的合理性，那么这种方法就是对理论的过度简化和扭曲。所有这样的方法都忽略了发展的一个重要组成部分：儿童在获得他们的技能和习惯的过程中需要指导。一味地关注孩子们的感受会造成一种不平衡。同样，一味地关注成年人的观念也会如此。这是许多传统实践都犯过的错误。失衡总会导致一种不受控制的摇摆，即从一个无法令人满意的极端摇摆到另一个无法令人满意的极端。这位老师从热情地提高孩子们的自尊转变到对他们破口大骂，就是这种摇摆的最好例子，这也充分说明了从失衡的立场出发获得控制感是徒劳的。无论是以儿童为中心的方法，还是以成年人为中心的方法，它们都不能带来平衡的关系，都不能为孩子提供可靠的指导。只有关注孩子们和成年人之间互动的质量，才能创造平衡。正如我将在第 7 章中阐述的那样，这意味着要注意成年人和孩子们之间有效沟通的特点，并在成年人和孩子们互动的所有场合——课堂、家庭、社区——复制这些特点。我将在本书的第三部分详细阐述这些特点以及如何复制它们。

在本章开头，我就指出了目前家庭和青少年问题的政治化所造成的对立思想。教育界充斥着这样的对立思想。进步派与传统派之间、私立学校与公立学校拥护者之间、推崇“精英”

教育的人与追求“公平”教育的人之间、对孩子区别对待的人与对他们一视同仁的人之间，存在着无休止的论争。这样的两极分化为人们对复杂的问题进行沙文主义的、过分简单化的思考提供了肥沃的土壤。

以儿童为中心与以成年人为中心的两极分化是当今教育领域最普遍和最令人身心疲惫的例子。这种两极分化有成百上千种伪装，所有这些伪装都掩盖了心怀不满、表现不佳的年轻人的核心问题。正如我在上面所阐述的，这种两极分化导致了建构主义的扭曲和简化。而在另一端，这种两极分化也让那些在“文化素养”大旗下批评“以儿童为中心”的教育方法的人产生了同样简单化的反应。在这些批评中，从约翰·杜威（John Dewey）到莫蒂默·阿德勒（Mortimer Adler）这些教育家的精妙之处和积极贡献被抛到了争议的尘埃中。争议两端的反对意见都是毫无意义的。正如我将在第 9 章中阐述的，我们今天已有完善的教育策略可以回应两个阵营所关注的问题。在本章的最后，我将谈论这种毫无意义的对立所产生的又一个灾难性后果：试图通过道德教育来促进年轻人的品格发展。

在家庭方面，以儿童为中心和以成年人为中心的观点之间的争论不像教育领域那样受到很强的理论驱动影响，但是它们可能同样极端和没有成效。此外，这些争论反映了意识形态的两极分化，它们类似于让教育讨论变得混乱不堪的错误对立。当涉及家庭问题时，意识形态的东西并不总会被表达出来；但无论是否表达出来，它都助长了价值观的分裂，而这恰恰与年轻人赖以茁壮成长的统一价值观背道而驰。与在教育领域一样，近年来以儿童为中心的观点在家庭事务方面也甚嚣尘上。与在教育领域一样，这些观点造成了严重的失衡，而这种失衡又引发了同样片面的对立反应。

有人研究了父母持有的如何养育孩子们的观念，结果表明，在过去的一个世纪里，人们对孩子每时每刻感受的关注正在稳步上升。在 20 世纪初，许多人认为孩子们的享乐与他们的发展无关，甚至对其有害。人们往往会忽视或扼制孩子们的玩乐性，很少考虑让事情变得对孩子们来说“好玩”。20 世纪中叶的一项研究已表明这种情况正在快速变化。在 20 世纪中叶，父母试图在他们要求孩子们做的每一件事情中添加一些乐趣。现在，玩乐精神已经成为一种不成文的好家教的标准。父母们开始相信，他们应该把吃饭、看医生、上厕所、学习穿衣、学习阅读和数字等所有这些事情都变成对孩子们来说充满乐趣的活动。最先观察到 20 世纪中叶育儿方式出现娱乐性与严肃性融合趋势的研究人员，将其称为“快乐的道德观”。

到了 20 世纪末，娱乐性与严肃性又分家了，但是这一次，娱乐性的地位上升了，而严肃性的地位下降了。今天，孩子们的快乐是许多家庭优先考虑的事情。父母热衷于追求他们认为会让孩子感到高兴的事情，避免任何他们认为会让孩子心烦或感到有压力的事情。销售儿童产品的人深谙此道。最近一项研究考察了针对父母的各种广告，结果发现，“接近 1/3 的广告明确表示它们的产品具有促进成长的潜力”。此外，研究人员还报告称：

> 实际上，没有人仅仅基于产品的教育价值来推广它们。一些产品声称可以提高学习技能——教孩子阅读、算数，为孩子上学作准备等，但是它们这样做的前提是先告诉孩子们学习是有趣的事情。显然，学习本身并不足以作为卖点用来推广产品……在安全、健康和卫生领域也同样如此。食物需要的不仅仅是营养，牙科护理需要做的不仅仅是预防蛀牙。这些事情对孩子来说也应该是有趣好玩的。

以成年人为中心的失衡

1992 年，一位名叫黛安·艾尔（Diane Eyer）的年轻发展心理学家发表了一篇大胆的论文，挑战了医疗机构广泛宣扬的一个谬论："母婴纽带"的概念。它的意思是，在婴儿出生后的几个小时内，如果与亲生母亲缺乏身体接触，他们可能会受到永久的伤害。艾尔的挑战是异乎寻常的大胆之举，因为她不仅要挑战儿童发展领域一些有影响力的前辈，而且还要挑战现代文化中一些根深蒂固的正统观念。她将其中一种正统观点表述为"一种意识形态，根据这种意识形态，母亲被视为其孩子生活的首席设计师，孩子无论是在童年生活还是成年生活中出现任何问题，做母亲的都要受到指责"。

艾尔揭穿母婴纽带谬论的例子生动地说明，向现在的公众兜售极端不恰当的观点是易如反掌的事情，这种观点把成年人行为放在儿童发展的中心位置，而忽视了儿童的优势和贡献。具有讽刺意味的是，这种观点最终犯下了与上面讨论的以儿童为中心的失衡相同的错误：它们忽视了孩子们和成年人之间的健康关系所产生的至关重要的、有助于孩子们成长的互动。以儿童为中心和以成年人为中心的信念以及它们之间的喧闹对立，转移了我们对于这个紧迫任务——改善这些重要关系的质量——的注意力。

艾尔讲述的故事不仅指出了一个常见的错误概念，而且也提出了一些问题，即一些机构和专家是如何通过大众媒体传播虚假概念的。同样令人不安的是，这个故事也揭示了正统思想如何引导一些聪明的人接受不合逻辑的、有害的和极易证伪的观念。

母婴纽带的概念源自20世纪70年代初两名儿科医生对14名母亲进行的一项设计并不科学的研究。这项研究报告称，如果让母亲与婴儿身体接触的时间再多几个小时，母亲在一些指标（确切地说，是75项育儿指标中的4项）上就会表现得更好；这些婴儿在一些测试中也有高于平均水平的表现。基于这些数据——以及行为学研究文献中对山羊的一些观察结果——这项研究得出结论，在婴儿出生后有一个关键期，母亲从生理上准备好与婴儿建立“连接”，或者排斥他们。这两者都会对婴儿的后续发展产生重大影响。

不久，这两名儿科医生开始了巡回演讲，宣传母婴纽带对于孩子发展的重要性。随着这一概念在医疗和儿童保育专业领域传播，并最终进入公共领域，它的主张变得越来越具有戏剧性、越来越夸张。那些未能建立良好母婴纽带的孩子，注定会迎来失败的人生、不幸福的关系以及充满暴力的生活，他们可能会成为吸毒者或虐待儿童者。这样的观念不仅在耸人听闻的新闻故事中得到传播，儿童专家也在不遗余力地传播这样的观念。儿科医生T. 贝里·布拉塞尔顿（T. Berry Brazelton）是一位著名的育儿咨询师，许多人称他为现代的“斯波克医生”。他在

1988 年的一次采访中对比尔·莫耶斯（Bill Moyers）说：

> ……如果他（孩子）在婴儿期没有建立那种（母婴纽带），以后就很难弥补……而这些永远缺乏母婴纽带的孩子……他们在学校与人格格不入，永远不会成功；他们会让每个人生气；他们会成为恐怖分子……（莫耶斯：你认为那可以追溯到母婴纽带建立的时期？）是的。

布拉塞尔顿博士是一位才华横溢的研究人员，他自己曾在儿童发展方面进行过开创性的研究，他的话很可能蕴含着比表面上听起来更微妙的含义。例如，他指的也许是更长的依恋时间——这确实对儿童的社会发展至关重要——而不是育儿领域人所共知的建立母婴纽带的神秘时期。然而，在目前的环境下，这位杰出的儿科医生流传甚广的说法只会进一步强化这样的信息：成年人可能会因为短暂的缺席而毁掉孩子的一生。不用说，对于领养孩子的父母来说，这并不是一个令人欣慰的信息，因为他们领养的孩子已过了“母婴纽带”时期。他们怎么知道他们抚养的孩子在与其亲生父母接触的头几个小时里建立了“母婴纽带”没有呢？那些没有建立“母婴纽带”的孩子显然一开始就有严重的情感障碍。对于那些因健康问题在婴儿出生后没有能力建立母婴纽带的母亲来说，这也是一个令人不安的信息。

根据艾尔的说法，医疗行业对于母婴纽带说法的反应更多的是欣慰，而不是不安。这种夸大的说法还让产科医生和医院在其专业技能储备中又增添了一项技术。现在的产科程序包括一套新的分娩仪式，旨在让母亲在住院期间与婴儿有更长时间的身体接触。这个职业早就因笨拙、昂贵且经常出错的分娩方式而饱受诟病，新的仪式为其提供了伪科学的辩护。

事实上，母婴纽带的科学研究从一开始就明显站不住脚。早在比尔·莫耶斯采访布拉塞尔顿博士之前很久，在医院自豪地改革其分娩流程的整个过程中，严肃的学者们已经在母婴纽带的研究中发现了漏洞，并最终拒绝接受它的结果。支持这项研究的数据被证明并不牢靠，而解释数据的过程也被证明不合理。在顶尖的育儿科学期刊、图书以及被广泛传阅的文章中，对母婴纽带概念的批判性评论随处可见。尽管如此，等到艾尔1992年发表论文时，她发现母婴纽带的概念仍然受到了很多人的青睐，以至于她认为它“不可能”被抛弃。

除了向收养孩子的父母——他们不确定自己收养的孩子在刚出生的时候是否与其亲生母亲建立了母婴纽带——传递了令人不安的信息，这个看似温和的概念还会有什么害处呢？当然，父母在任何时候抱着自己的孩子都没有什么错，包括在刚出生后。事实上，反对父母与孩子的任何身体接触是错误的。我反对母婴纽带的概念不是想要这样做，也永远不应该被这样理解。这个概念的危害仅仅在于，它制造了一个妄想的烟幕。就像所有掩盖真相的夸张说法和歪曲变形一样，虚假的观念会让我们远离有价值的努力，做很多无用功。最令人不安的是，这个概念最终玷污了与之有松散和错误联系的有价值的观念。

对母婴纽带的关注让人们忽视了幼儿真正的基本需求：保持至少一种安全的、有利于成长的关系。在心理学著作中，这种重要的关系被称为“依恋关系”，其理论研究比当今的母婴纽带热潮更严肃、更坚实。在心理学和精神病学领域，著名的“依恋”关系研究传统及其难得的对照顾者和儿童之间持续、长久关系的强调，已经被远不可信的母婴纽带概念所导致的争议不公平地破坏了。

奠定孩子发展基础的关系，远非在孩子出生后的所谓“关键”时期进行的身体接触。事实上，它们甚至不依赖于孩子与其亲生母亲亲密接触的“特定”时刻。相反，孩子的关系需求是“非特定”的。这是我们人类物种具有韧性的众多表现之一。各种各样的监护人都能与儿童进行高质量的互动，为他们的成长创造良好的互动和交流的环境。在极端的情况下，甚至连幼儿之间也能够彼此提供足够的关系刺激，促进彼此的健康发展。关键的一点是，儿童需要获得他们能够从中受益的、长久依赖的关系。产房里的拥抱不是孩子发展的灵丹妙药。

一种类似的简单化的思想给有关产后上班的讨论蒙上了一层阴影。佩内洛普·利奇（Penelope Leach）、布拉塞尔顿和其他人表达了对母亲“放弃”年幼婴儿重返工作岗位的担忧。这意味着，如果没有与其母亲的全天候亲密接触——用一位儿童心理学家的话来说，这正是“每个孩子与生俱来的权利”——幼儿就会受到伤害。

事实上，因为产后上班和儿童保育对公共政策的重要影响，人们在这个领域已经做了大量的研究。我们从研究中得知，只要幼儿生活在一个有教养、易沟通的环境中，只要他们在晚上和周末有一个稳定的家可以回去，他们就不会因为白天与父母分开而受到伤害。孩子们与父母和监护人——以及与他们生活中的其他人——的关系“质量”，比他们与任何一个人包括他们的亲生母亲在一起的时间长短都要重要得多。然而，人们对于许多母亲想要认真工作的愿望展开了激烈的争论。“剥夺母爱”被认为是当今年轻人所有问题的罪魁祸首。布拉塞尔顿博士发表的以下言论让全职母亲产生了负疚感，他认为母亲们的“真正问题”是“何时重返工作岗位而不危及孩子们的发展”：

> 尽管经济和工作需要可能很紧迫，但是这些女性在做出决定时不能忽视她们作为母亲的新角色。婴儿的需要和母亲想要好好养育孩子的渴望，对她们重返工作岗位的平和心态至关重要。否认心里感到不安是为了抵御放弃婴儿的痛苦。

对于母亲，以及所有的父母和公民来说，真正的问题是在抚养孩子的过程中如何向他们传授基本的美德，比如能力、良好的价值观、个人和社会的责任、维持关系的能力，以及相信超越自我的东西的愿望。责怪全职母亲，让她们对剥夺母爱的错误想法感到极度内疚，这对于完成这个重要使命毫无裨益。母亲在身边，这是几乎每个年轻人都很看重的，但这只是孩子品格发展的其中一个影响因素。把它剥离出来，作为孩子健康成长的“答案”，只会让我们把注意力从有效的和负责任的育儿基本要素上挪开。

除了爱和关怀，这些基本要素还包括管教。可悲的在于，或许可以预见的是，在我们这个时代，家庭管教已经成为一个激烈争议的话题——而不是像过去那样，是一个简单明了的常识问题。就像对待母婴纽带的问题一样，我们对儿童管教的公开讨论也是以成年人为中心的，而且过于简单化。同样对立的思想，充斥着极端和夸张的立场，支配着人们的争论。与此同时，我们在理解家庭管教方面也失去了平衡，年轻人在成长过程中没有得到稳定、一致的行为指导。

因此，家庭管教成了令人烦恼的两难选择，而不是父母自然而然就能学会的艺术。事实上，它已经成了一门失落的艺术。不守规矩、对人不敬和难以管教的孩子们的故事，主导着世界各地成年人的谈话。在如何应对的问题上，各个家庭的意见并不统一。

几乎每一天，我们的报纸咨询栏目都充斥着这样的故事，这些故事摘自一向坚守道德原则的“礼貌小姐”（Miss Manners）专栏：两组孩子，他们是堂兄弟姐妹，在一个假日一起坐下来吃晚餐。一组孩子表现得相当不错，另一组孩子则随意离席、嘲笑其他孩子太听从父母的话、打断别人的话并抱怨食物太差和述说自己偏爱的食物，以及用沉默回应成年人的关注。因此，一组孩子的父母向另一组孩子的父母发出抱怨之声就不足为奇了。真正令人惊讶的是哪组孩子的父母在抱怨。那些调皮捣乱的孩子的父母提醒另一组孩子的父母说，他们在残酷地压制自己的孩子，扼杀他们的自发行为，等等。经验丰富的“礼貌小姐”声称，这样的反转并不令人感到惊讶。但是她承认，当她听到“这种反常言论的倾听者却听得很认真，并花了一些时间扪心自问，他们是否真的在伤害自己的孩子”时，她感到“目瞪口呆”。

如果有强大的文化支持他们迎接其他父母向其提出的挑战，那么这些乖孩子的父母是不可能这样自我怀疑的。这样的嘲弄不仅反映了以成年人为中心的观念，即严格的父母管教可能会抑制孩子们的活力和天性，而且反映了整个文化对管教的普遍不安全感。父母并不确定自己是否能够管教孩子、是否应该管教孩子，以及他们管教或不管教的后果如何。他们为适当的管教方法而担忧和争论，整个文化共识的缺乏加剧了他们的不安全感。但是，有个一致的共识却加剧了他们的焦虑感，尽管这种概念是错误的：父母的行为本身是塑造孩子品格的唯一力量。这种不安全感、焦虑和错误概念的模糊组合让许多人在育儿方面陷入了不知所措的境地。在这种情况下，短期的危机管理取代了坚定的、可预测的管教措施。不用多久，极端的解决方案就开始生根发芽并蓬勃发展。

一个极端的例子是，近些年出现了一批育儿图书，它们非常积极地倡导将体罚作为管教孩子的必要手段。这些作者认为，如果孩子表现出不服从和不尊重成年人权威的迹象，他们就必须被打到屈服为止。

当然，人们绝对有权利信奉他们自己的宗教观点，并且事实上，其中许多人提出的管教方法是可控制的、相对非暴力的。例如，在书中提出了关于“如何打屁股”的建议。这条建议在一开始就提出一条禁令，即打屁股“不应在愤怒中进行，也不应以报复孩子的态度进行”。他告诫父母不要打孩子屁股以外的其他任何部位，还详细描述了避免给孩子的屁股造成任何永久性伤害的方法。他建议父母用祈祷、爱和宽恕来缓和打孩子屁股的行为，以及“合理调整对孩子们的期望”。

不幸的是，一些声称从这些图书中获得灵感的父母，实际上并不像书中建议的那样温和或谨慎。菲利普·格雷文（Philip Greven）记录了许多令人震惊的暴打儿童的案例，一些派别的成员通过教义为这些行为进行了辩护。一些人连续殴打孩子们几个小时，直到把他们打得奄奄一息，因为他们相信必须打破孩子们的“意志”才能拯救他们的灵魂。在这种情况下，惩罚不仅十分严厉，而且完全超出了孩子们的理解能力，他们不知道自己为什么遭受这么重的惩罚。通常来说，孩子太小无法明白自己的行为与自己遭受的暴打之间有何联系。格雷文在下面引用了一篇令人不寒而栗的新闻报道中的一段话。在这篇报道中，一个小女孩被一名男子暴打了 4 个小时：

……那个穿着尿布的小女孩不服管教。她一直哭个不停，而（他）一直打个不停，试图让她停止哭泣。“我不确定自己做得对不对。”他回忆道，“所以我不停地打电话给（一位教会成员）。我说，‘她老是哭个不停。我不知道该怎么办。’他告诉我：‘你就打她屁股，直到打得皮开肉绽。’”

这些体罚是以成年人为中心的非常可怕的极端例子，它们表明成年人很少承认孩子的想法或关心孩子的感受。这些体罚的唯一结果可能是让孩子受伤和感到困惑。由于与儿童的视角缺乏任何有意义的联系，这种严厉的体罚不可能完成它们公开宣扬的使命：引导儿童接纳成年人设定的社会化行为。正如我将在第三部分中讨论的那样，为了实现这一点，成年人在与儿童的互动中必须清楚地传达儿童健康成长所需的信息。管教是这种互动的重要组成部分。但是，它必须是理性的，而且必须对孩子有意义。与过度的体罚相比，冷静的管教方式（如让孩子们回自己房间待着，或暂时剥夺孩子们的一些特权）更容易实现清晰的沟通。

尽管如此，我们也很有必要避免对那些既不残忍也不暴力的常见管教方式形成刻板印象，无论是否出于宗教目的。格雷文和其他记录体罚案例的人几乎没有区分真正的虐待孩子的行为和轻轻打屁股的行为。他们都是粗略地描述。超过 90% 的美国父母在某些场合对孩子们使用过某种形式的体罚。这不是我所提倡的管教方式。我们总会有更睿智、更安全、更有效的管教手段，比如收回特权。但是，把这些父母与真正的虐待狂混为一谈，让他们感到无地自容，这样做又有什么好处呢？这种宽泛的刻板印象只会助长两极分化，进而分裂我们的社会，削弱人们的团结意识，而团结意识会创造一种文化所需的青少年宪章。

正如我在本章中讨论的其他失衡一样，这种失衡也转移了我们对真正的问题的注意力。在这种情况下，真正的问题是如何建立一个促进儿童发展的管教计划。我将在本书的最后部分说明，问题的解决方案仍然是互动式的解决方案。无论是以儿童为中心的自由放任，还是以成年人为中心的严厉惩罚，都不能给我们的孩子们传递任何有价值的东西。然而，倾向于一个极端或另一个极端，似乎比找到共同之处更容易。

为了避免当今公共讨论中的极端主义倾向，许多养育孩子的人陷入了他们自己都未意识到的矛盾状态之中，不可预测地在消极对待和大动肝火之间、在一贯的放任和突然的严厉之间摇摆。在这种状态下，困惑取代了沟通。成年人和儿童不再享有互动和交流的益处。不幸的是，这种富有成效的互动交流恰恰是当下时代最难坚守的。

儿童的天性

以儿童为中心的方法和以成年人为中心的方法之间的对立，助长了有关儿童的天性及其发展需求的错误观念。正如我将在下一章中阐述的那样，我们很有必要了解儿童的天性，特别是关于他们的自然美德。这样的认识不仅对指导我们的育儿工作至关重要，而且还可以帮助我们评估和规避现代的特殊风险。错误的对立往往适得其反。它们将我们引向了一些糟糕的解决方案，这些解决方案掩盖了孩子们的真正天性，与其天性相去甚远，因而将孩子们置于更危险的境地。

因为人们对于儿童的天性存在错误的对立，教育界已成为政治雷区。教育工作者本应联合起来扭转孩子们在学校表现惊人下滑的局面，但他们却陷入带有意识形态色彩的斗争。一些教育工作者对根本问题完全避而不谈，担心这些问题可能引起争议风暴。

如果一种对儿童天性更为合理的观念被大众接受，那么所有的争议都不会长期延续。教育领域很多激烈的争论都植根于过于简单、违背常识的有关儿童学习的观念。要不是被两极分化的意识蒙蔽双眼，任何父母或老师都应该，并且可能会对问题有更深入了解。一些争议已经主导了我们的教育界，这极大地损害了我们本应努力教育的学生，这种情况证明了错误对立所具有的潜在欺骗性。

教孩子阅读已成了一个战场，有人提倡“整体语言教学法”，有人支持看字读音教学法。两个阵营之间的敌意如此之大，以至于他们之间几乎没有任何对话。相反，他们互相指责，暗示对方的教学法会永久性地损害孩子们的阅读能力和意志。一些特别狂热的拥护者已经说服立法者站在他们一边：最近要求公立学校采用看字读音教学法或整体语言教学法的法案已通过了一些州立法机构的审查。当然，立法者在教学法层面干预学校是极不寻常的。这些教学法真的达到了如此重要的程度吗？只有当我们相信孩子的学习方法有且只有一种时，它们才会看起来如此。但是，这一观点是站不住脚的，原因有二：首先，所有的学习者都依赖多个途径获得技能和知识。儿童也不例外。我们为他们提供的学习途径越多，他们就越有可能登堂入室。整体语言教学法和看字读音教学法都提供了阅读的途径，而任何明智的老师都会把这两种方法传授给他们的学生。其次，孩子们之间存在着深刻的个体差异。有些孩子可能接受这一种教学风格，有些孩子可能喜欢另一种截然不同的教学风格。这再次有力证明了我们需要支持这两种教学策略，而不是反对它们。

采取综合教学法（强调统一和整合）的人和采取分析教学法（将主题分成更小单元以便学生掌握）的人之间的对立，也存在着许多类似的争议。这种对立遵循的路线可能类似于我在本章中论述的以儿童为中心和以成年人为中心的两极分化，尽管这样说可能有些过于简单。但它无疑遵循了这样一条路线：把学校视为表达自我，而不是取得成就的场所；把学校看作是好玩，而不是刻苦努力的地方。

再一次，我们了解的有关孩子的一切都告诉我们，他们需要这两种选择才能茁壮成长。如果没有机会锻炼他们的创造力，他们很快就会对学校提供给他们的学习材料失去兴趣。但这并不意味着当他们被要求完成一些需要刻苦努力的事情时，他们就会崩溃。尽管有“忙碌小孩”的概念，但是在面对挑战时感受压力这并非儿童的天性，只要他们在面对挑战时能够获得支持。事实上，让孩子感觉更多压力的是缺乏挑战所带来的期望真空。这才是当今儿童面临的真正风险——没有什么值得奋斗，类似于我在上一章中讨论的“没有什么可以信仰”，这是令人感到沮丧的。儿童是天生的奋斗者，但是他们需要找到既饶有趣味又充满挑战的环境。在这样的环境中，趣味性和严谨性都可能对孩子们的成长有帮助。

在描述以儿童/成年人为中心的两极分化产生的错误对立

时，我粗略地谈到了这样那样的意识形态倾向。严格地说，以儿童为中心的偏见或以成年人为中心的偏见，都不是意识形态立场，尽管有些人认为它们可能属于更宽泛的世界观。它们也不代表系统性的政治立场，尽管一些政客确实会为了自己的利益而利用它们。然而，在今天的教育领域，有一些争议形成了真正的政治问题。例如，有个长期的争论是学校在学生群体中是应该追求公平教育，还是应该追求精英教育。显而易见，双方的拥护者都无法想象学校两者兼顾；因为在他们看来，为学习较慢的学生创建可掌握的课程，就会阻碍天赋学生最大限度地发挥他们的潜力。这是一场极具破坏性的争论，它让一些用心良苦的教育工作者白白耗费多年的心血。这也是另一个错误的对立。我们能够而且必须做到两者兼顾：只顾其一不管其二的学校教育项目，不可避免地在这两个方面都会宣告失败。

近些年，教育界最激烈的政治争论是社会发展的多样性和统一性问题。学校应该鼓励学生们保持自己的文化认同，甚至相应地调整课程，还是应该为所有人提供“一种最好的”教育，以期不仅给学生提供良好的教育，而且促进国家统一？这个问题上的笔墨官司比其他所有争议问题加起来还要多。双方均抛出了各种谩骂之语：“种族主义”“性别主义”“自由主义”“左派”，等等。这场文化战争的前沿阵地一直是我们的各所学院和大学。然而，一些小学也有反响。我在这里要谈论的就是这样一所小学。今天在学校工作的所有人迟早都会看到这样的反响。

我自己与这所小学最令人难忘的第一次接触是我在一个多种族的城市社区里组织的一次教育活动中。那个社区全是新来的移民。老师和研究人员队伍一直在为学生们寻找好的写作主题，这些主题既要能引起学生的兴趣，又要能提出基本的问题进行教学和讨论。此外，那一年这所小学的优先主题是公民身份：公民身份的含义，它的权利和责任，依赖它并保护它的社会机构，它是如何在我们的历史上产生的，等等。当然，对不同年级的孩子来说，它代表的意义是不同的，但是它可以让所有年级的孩子都对我们社会中的公民身份有一些了解。

我给这所学校的一个建议是，让所有年级的孩子写一篇作文，题目是《做一个公民对我来说意味着什么》。我知道这个题目让所有的孩子都有话说——年龄较小的孩子也许能谈谈地理、食物或体育；年龄较大的孩子也许可以谈谈历史、社会、文化、政府甚至他们自己作为美国公民的未来前景。无论孩子们写什么，它都能够提供许多机会，让我与老师和同行进行富有启发性的讨论。我预计新来的移民儿童会觉得这项任务特别有趣，因为这让他们与更早移居此地的家庭的孩子有话可谈。

这个建议并没有被采纳。无论这个想法的优点（或缺点）是什么，它没有被采纳的真正原因都让我感到惊讶，也让我长了见识。许多老师说，这个想法对他们来说没有什么问题，但这会激怒其他一些更激进的老师和一些更警惕的父母。我天真地问道，为什么这样一个好的写作主题会激起人们的愤怒？“因为社区里的每个人对文化问题紧张兮兮的，每个人都不想节外生枝。”此外，整个社区都担心，如果学校谈论任何文化敏感问题，孩子们就会被“洗脑”。有人劝我，即使告诉父母孩子们天生不是那么容易被洗脑的，也无济于事。

简而言之，由于文化之战和人们对儿童天性的普遍错误概念，这个社区陷入了瘫痪。整个社区的恐惧如此之深，以至于老师们都不敢问他们的学生，他们的国家认同对他们来说意味着什么。因此，学校禁止讨论孩子形成其个人、社会和历史意识的重要而丰富的生活环境。在这所学校，公民身份的认知只能通过枯燥的、感觉遥远的公民教育课程来学习。在目前的政治环境下，联系孩子的真实生活体验来教学是一件非常冒险的事情。

教育和政治终究无法和睦相处。每当一个政治问题进入学校，或者反过来，一个教育问题变得政治化，那么学校教育的使命就会深受其害。宝贵的时间和精力被转移了，复杂的想法简化成了口号。政治稻草人被创造出来；本来很有希望的新解决方案却遭到歪曲和诋毁。

在这些两极分化的争论中，有关儿童的错误概念迅猛增加。现代贫乏和肤浅的政治辩论为错误概念的传播提供了肥沃的土壤。此外，我所讨论的许多错误概念高度契合了某些机构的利益，这些机构通过推广对社会问题的片面解释来获得公众支持。在这些机构工作的很多人都没有什么职业动机去弥合这些错误的对立，或揭穿决定青少年问题公开讨论走向的错误观念。在这样的情况下，错误观念很快就广为流传，深入人心。这就是我们今天面临的形势。这就是为什么我们现在必须作出特别的努力，揭穿根深蒂固的谬论，将它们暴露在真相的新鲜空气中的意义所在。

第三部分

家庭与学校的回应

第 6 章
自然的美德

关于天性的假设

行为主义学家直到 20 世纪后半叶前还统治着理论心理学，他们提出了一些关于儿童发展的平庸比喻。我记得当我还是一名学生时，一位著名的斯金纳行为主义理论家在一次讲座中把刚出生的孩子比作一块黏土。他的观念是，从出生的时候起，孩子的行为就通过各种环境力量（包括其父母）的作用，被塑造成社会可以接受的“形状”——就像雕塑家把一块黏土雕刻成对观看者有意义的东西一样。

让我们先假设这个行为主义学家的比喻是恰当的：儿童“像”一块黏土，可以被塑造成文明人。即便是如此——这个模糊的比喻准确地描述了孩子的天赋，但泥土也是具有某些基本特征的，任何塑造黏土的人都需要对这些特征有所了解。如果一位雕塑家弄错了——例如，如果他认为可以用加工石头或木头的方法来加工泥土——那么最终他手中的黏土只会变得一团糟。无论我们对孩子的天性特点有多么狭隘的看法，若要为他们提供最佳的成长环境，我们就仍有必要正确理解这些特点。

现在，在对婴幼儿进行了数十年的科学研究之后，我们知道行为主义学家的比喻完全是不充分的。来到这个世界的孩子要比任何黏土都更具可塑性。此外，他们已准备好与他们的社交世界互动，他们不会被动地接受刺激。孩子会积极解读他们从环境中得到的“所有”反馈信息。事实上，他们在选择反馈——即他们做出反应的方式——方面发挥着很大作用。父母给婴儿买了一个昂贵的玩具，却发现婴儿更着迷于一个老旧的钥匙扣，在这个时候他们就会懂得孩子有自己的选择偏好。

近些年，心理学让我们对儿童的自然天性有了更深刻、更广泛的认识。如果环境被认为是一位雕塑家，那么它从一开始面对的就是一件令人敬畏的艺术品。

在本章中，我关注的是每个儿童的天性。在这里，我想阐明儿童以及希望促进他们发展的人必须面对的诸多自然美德。我使用了“美德”这个词的经典含义，即“优点”。然而，我当然也知道这个词的道德含义，我也希望使用这个含义。我在这一章中要说明的主要观点是：孩子生来就比我们现在思考和实践中所认为的更强大，更有适应力，也更易形成道德品格。如果我们能够看清孩子的自然美德，那么这将极有利于我们养育孩子。

就在几代人之前，我们的祖母们之间还流传着这样的说法："孩子们是有韧性的。"这是祖母们给自己初为人父母的孩子们提供的一点令人安慰的智慧。年轻的父母可能过于担心自己的孩子们面临身体或情感上的危险。年龄、阅历和情感上的距离教会了祖母，小孩子有多么结实。

随着昨天的父母变成今天的祖父母，人们越来越少听到这种令人安心的建议。每经过一代人，我们的文化就更偏离这种认为儿童（以及整个人类）结实而有韧性的古老观念。取而代之的是另一种观点，它认为人性脆弱，极易受伤，不太可能从侮辱或伤害中恢复过来。父母似乎更多的是在寻找增加他们焦虑的信息，而不是可以让他们对孩子的福祉放心的建议。即使还有祖母记得古老的智慧，人们对他们的建议也会充耳不闻，置之不理。现在占主导地位的文化概念让他们的观念显得过时落伍了。

事实上，这只是现代错误概念取代早期一些更为明智的直觉的又一个例子。正如我在第 5 章中指出的，认为孩子们娇嫩脆弱的观点是在现代家庭转向以儿童为中心的定位过程中形成的。社会历史学家将这种观念上的变化归因于现代家庭的财富增加和规模缩小。儿童不再被视为经济供给者，他们受到了珍视，实际上是无价之宝。正如我前面说过的，从很多方面来说这是一种恰当的、值得称道的变化，但如果再加上目标的缺乏，它就可能会助长一种不正常的幼儿无比珍贵的感觉（事实上，最近有一本书抱怨了当今许多家庭中存在所谓的“娇贵儿童”综合征）。娇贵的感觉反过来可能会让人们过于担心孩子的健康、安全和幸福感。这并不是说父母担心这些事情是错误的：父母的第一责任是保护孩子，每个孩子都应该有一个能够养育他们的安全的家。但是，这种担心必须有效地针对儿童的真正弱点。如若不然，这种保护就会变成过度保护，孩子们就会被剥夺培养自我保护技能的机会。正因如此，我们非常有必要准确地认识儿童的自然美德。

把孩子们所有与生俱来的品格和能力汇编起来可能会形成一本厚厚的书，而且随着婴儿观察研究的继续深入，这个清单会越来越长。这个清单将包括多种多样的适应性反应、社会敏感、情绪反应系统、语言易感性和早期认知意识。现在，我将首先指出促进儿童适应各种环境的四个天性特点。我之所以注意到这几个特点，是因为它们最近普遍被成年人忽视，尽管它们对孩子的日常生活具有重要的作用。接着，我将阐述所有孩子来到这个世界时天生具有的自然美德和敏感。我会阐明这些美德和敏感为儿童道德品格的进一步发展奠定了基础。

适应和学习的天性

1. 孩子们在挑战中茁壮成长。孩子们总是在寻找机会获得技能和证明自己。他们的动机是“对能力的渴望”，就像对食物的渴望一样。当孩子们面临充分考验他们能力的挑战时，他们会充满活力和热情地回应。当孩子缺乏这些挑战时，他们就会变得没有安全感，变得麻木不仁。具有讽刺意味的是，帮助孩子避开“有压力的”要求，比如达到高标准的学业成绩，这会给他们创造一种真正有压力的环境。这会挫败他们充分展示自己才华的天然欲望。

2. 孩子们对生活的奥秘感到好奇，而且能够理解有关重大问题的严肃讨论。对大多数孩子来说，甚至连有关死亡的问题也令他们感到着迷，而不是令他们感到不安。事实上，坦率和公开地讨论死亡问题并不会让孩子们感到不安，相反很多成年人自认为可以保护孩子们感情的小声而神秘的交谈却会让孩子们感到困惑。在公共或个人灾难发生后，当忧心忡忡的专业人士为儿童安排专门的咨询时，他们往往会惊讶地发现孩子对这样的灾难表现出满不在乎的态度。然而，事情的真相是，儿童比成年人更不可能受到灾难的困扰，其部分原因是儿童的心理适应能力很强。孩子需要的不是情感咨询，而是深思熟虑的、实事求是的答案。最能激发其积极性的是他们的好奇心，而不是情感上的安慰。为孩子们过滤真相，甚或对他们屏蔽真相，往往会产生事与愿违的效果：它会让孩子更害怕未知的东西，而这是不自然的。孩子们会被现实世界的新闻所吸引，而不是感到受威胁。事实上，这种品格是每个孩子遗传的适应性的一部分。

3. 孩子们能快速适应变化，不容易受到伤害。当用来表示心理伤害时，“创伤”一词是英语语言中使用最频繁的词之一。从字面意思上讲，“创伤”一词指的是由某种伤害造成的永久性损伤。当然，在身体遭到攻击后，这种情况有时候会发生，比如头部遭受重击会造成不可逆转的脑损伤。真正的心理创伤是非常罕见的，对儿童来说尤其如此。例如，据我所知，在家庭破裂、正常死亡或生病、收听新闻广播、看电影或电视节目、与朋友发生矛盾或其他类似的事件发生之后，都没有儿童心理创伤的案例出现。当然，孩子们的韧性也不是没有限度的。在临床研究文献中，已经有一些记录在案的真实的童年创伤案例。这些情况通常发生在可怕的事件之后，比如一个孩子发现自己的父母自杀。但是，在绝大多数情况下，孩子在经历了令人沮丧的事件后都会很快恢复过来。很多时候，在经历了情感上的波折之后，孩子会发展出新的优点，特别是当孩子在困难时期得到关心他们的成年人的支持和指导时。医学谚语说，骨头断裂的地方会变得最强壮，这句话也适用于心理发展。

4. 孩子们是他们自己体验的积极诠释者。孩子用他们自己的方式理解世界——这种方式非常直接，而且对于操纵或欺骗具有很强的抵抗力。这可能是成年人最不了解的儿童特点。大多数成年人似乎持有一种行为主义观点，认为儿童只是一个被动的学习者——这种观点在心理学中已被彻底推翻。孩子们对环境压力不会不加选择地作出反应；环境影响作用于他们也不会像图像作用于相机胶卷一样。相反，孩子是带着自己的天性和历史进入每一个新环境中的；因此，他们塑造了环境及其他们在其中的体验，就像环境塑造了他们一样。这意味着“同龄人压力”、摇滚乐或臭名昭著的电视节目等不良影响不会立即塑造孩子。如果孩子在受到不良影响后变得品行不端，那么他们品行不端的根源应一直追溯到他们的个人和家庭历史。远离行为放荡的朋友或不健康的娱乐也不可能迅速解决任何问题。只有当孩子认为这么做对自己有意义的时候，他们才会做出改变。每个孩子都有自己的世界观，如果你要影响它，你就必须认真地对待它。

我从孩子与生俱来的各种天赋和能力中首先挑出这四种特点来谈是有原因的。原因有两个方面。首先，在当今流行的关于儿童的观点中，这几种特点往往会被忽视。其次，如果忽视这几种特点，成年人就可能误以为培养孩子的个人和社会责任不适合他们现在这个年龄，因此不予考虑。如果我们认为孩子会被挑战压垮而不是被激起斗志，那么督促他们去取得成就看起来就是危险的。如果我们认为孩子会因为接触到生活的真相而受到威胁，那么避免与他们讨论重大问题看起来就是明智的。如果我们认为孩子很容易受到创伤，那么我们就必须保护他们不受各种变故的影响，并谨慎对待他们的感受。如果我们认为孩子很容易受到别人的影响，那么我们就应该让他们远离所有我们并不完全赞同的人。总而言之，如果孩子被认为是无能的和脆弱的，那么要求他们对自己的生活承担任何责任看起来都是非常残忍的，更不用说要求他们承担帮助别人的责任了。

所有这些出于好意的警惕创造了一个保护性的泡沫，阻止了孩子们锻炼他们自己的适应能力，并阻止了他们发展新的技能。更具破坏性的是，它向孩子传递出了一种含蓄的信息，即他们没有能力冒险进入这个世界，也没有能力承担任何形式的责任。相反，他们被要求把自己的活动限制在梦幻而有趣的世界里，因为许多成年人幻想童年就应该是这个样子的。正如我将在第 8 章中阐述的那样，今天有太多来自中产家庭和贫穷社区的父母无意中将这些令人气馁的信息传递给了他们的孩子。

人们不禁要问现在的父母为什么迷信这些信息。把孩子视为无能的和需要帮助的，而不是结实和有能力的，这样更令人满意吗？保护孩子远离这个世界而不是帮助他们适应这个世界，这样更容易更省时间吗？为孩子提供全方位服务（尤其是在现在的小家庭中）而不是要求他们作出自己的贡献，这样更简单省事吗？对孩子的社交生活进行微观管理，而不是在他们自己走进社交生活的时候提供支持和指导，这样做感觉更安全吗？

无论从父母的角度来看这样做的理由是什么，就孩子而言，暗示他可以无限度依赖父母的信息并不会让他感到安心。孩子渴望有机会培养自己的能力。他们热切地寻求真正的责任，当成年人给予他们责任时，他们会感到欢欣鼓舞。当成年人期望孩子承担责任并给予支持和指导时，他就有了宝贵的自我提升的机会。孩子本能地会认识到这一点。因此，当成年人给他们提供机会承担责任时，他们会变得精神抖擞，而当成年人不让他们承担责任时，他们就会变得士气低落。

在第 5 章中，我提到了几种错误概念，它们来自一些错误解读皮亚杰、支持片面“建构主义”的人。在当今教育界的极端建构主义错误概念中，有一种观念认为儿童完全受限于他们的“发展阶段”。根据这种过于简单化的观点，成年人必须精确调整他们的指导和教育，以适应孩子的发展阶段。否则，成年人的交流将是“不适龄的”，可能会给孩子带来太多压力，或者至少让他们感到困惑。这是一种高度静态的发展观，而且是一种不太合情理的观点。如果向儿童呈现的一切都必须严格遵守与年龄相适应的标准，那么儿童将只能接触到他们已经知道的东西。我们也不可能对所有信息进行微调，使其刚好符合孩子的能力水平（或者像某些建构主义教育家所建议的，略高于这个水平）。

幸运的是，孩子的大脑不需要受到如此精细化的对待。事实上，如果它们需要这样对待，那么自古以来就很少会有孩子能够学到多少有关这个世界的东西。孩子天生的学习能力很强大，孩子的学习意愿也很强烈，即使当他们对听到的大部分东西都感觉不懂时，这也足以支持他们继续前进。在每一次经历中，几乎总有一些东西是孩子能够领会的。这就是推动孩子们前进的动力。拒绝向儿童提供此类机会的决定是一个严重的错误，它源于对儿童发展能力的错误认知。

道德品行

最近，哲学家和社会学家对人性有了一个令人耳目一新的全新看法。在所有情形下都理性地权衡什么对自己是最有利的，这种“极度自私的人”已不再是天天争议的人类原型。相反，正如詹姆斯·Q. 威尔逊（James Q. Wilson）最近发表的论文所指出的，我们现在知道人类物种有一种内在的“道德感”。我在《儿童道德》一书中也表达了大致相同的观点，这本书汇集了我自己对儿童道德能力的各种科学发现。虽然孩子的道德感并非在每一个场合都占据主导地位，但它属于孩子对世界作出反应的自然方式之一，就像孩子的所有其他爱好、性格或动力一样。它无法被消灭或长期压制。

即使在经济学领域——这是“理性选择”理论的最后堡垒，该理论假设个人是自身最大利益的追求者——最近也出现了一种更高尚的愿景。阿米泰·埃齐奥尼撰写了一本面向新经济的颇具影响力的著作《道德维度》（*The Moral Dimension*）。在该著作中，埃齐奥尼令人信服地指出，如果我们忽视不可避免地影响所有社会选择（包括货币和商业决策）的道德情感，那么任何人类的决定都不可能被完全理解。埃齐奥尼的辩论已找到了热心的听众，甚至在硬核的计量经济学家当中也找到了听众。在过度理性的启蒙主义理论之后，学者们现在开始认为，在我们生活的各个领域，道德情感是构成我们是谁，我们如何思考，我们如何感受，以及我们如何行动的核心部分。

所有这一切在生命之初，甚至在胚胎状态下，就是如此。道德情感的种子在生命孕育的时候就播下了，在生命诞生的时候已经根深蒂固。每一个降生在这个世界上的婴儿都已准备好以社会和道德的方式回应他人。每个孩子都能够培养道德品格。必要的情绪反应系统、萌芽中的认知意识以及个人的性格，从孩子出生的时候就已存在。不幸的是，并不是每个孩子都会成长为一个负责任的、有爱心的人，但是，成长为这样的人是每个人与生俱来的潜力。

因此，当一个年轻人陷入一种不符合道德原则的冷漠状态，或者更糟糕的是，陷入反社会的疯狂状态时，这是一种可悲的浪费。当整整一代人出现朝这个方向发展的迹象时，我们必须找出把他们引向歧途的文化力量，并竭尽所能地扭转这种发展趋势。无论多么强大的天性本身都不足以确保道德品格的形成。在一个人形成成熟的道德意识的过程中，文化和自然从这个人出生的时候起就以多种方式共同发挥着作用，这一点我将在后面的章节中展开说明。当无数年轻人在成长的过程中走上道德扭曲或弱化的道路时，我们可以肯定地说，真正起作用的文化影响力并没有激发人类的全部潜力。

詹姆斯·Q. 威尔逊利用社会科学中最先进的研究成果，令人信服地证明了人类天生的道德潜能。威尔逊认为有四种“情感”为人类的道德发展奠定了早期的基础：同情、公平、自我控制和责任。威尔逊指出，这些情感的迹象非常普遍地出现在幼儿身上，以至于人们可能会认为这些情感是与生俱来的。我解读这些数据的方式与威尔逊相同，正如他指出的那样，我在《儿童道德》一书中得出了许多相同的结论。我认为威尔逊对于人性的论断基本上是正确的。

但是，威尔逊证明自己观点的理由过于狭隘。他确定的四种情感中的每一种都可以代表一整类感情、直觉和调节系统，这些系统在孩子们出生时就存在，并使他们预先有形成道德意识的倾向。同情是众多早期道德情感中的一种；公平是众多早期道德概念中的一种；自我控制和责任属于个人和社会调节系统，这些系统源于天生的自适应过程。

儿童发展研究发现，孩子们的道德意识源远流长。用心理学术语来说，至少有四个相互重叠的过程确保儿童从小就有道德意识：道德情感、道德判断、社会认知和自我理解。这些过程与威尔逊提出的四种情感大致相同，但是它们代表了更宽泛类别的心理现象。

道德情感是指一个人对道德遭遇的情感反应，包括移情、恐惧和负罪感。道德判断是指一个人对社会行为作出约定俗成选择的方式，以及一个人评估正义、关爱、真相、责任以及道德责任等问题的方式。社会认知是指一个人对他人、社会以及如何获取社会互动和社会关系信息的看法。自我理解是指一个人对过去、现在和未来的自己的看法，包括各个方面的自我控制和自我管理。

其中每一个过程在出生时或多或少都有些活跃，而且会在整个生命进程中继续发展。我之所以说“或多或少”，是因为有些过程在开始时处于比其他过程更充分的准备状态，有些过程在儿童成长过程中取得了比其他过程更大的进步。每个过程在引导幼儿走向亲社会、远离反社会活动方面发挥着独特的作用。它们协同工作，相得益彰。这四个过程在儿童的整个成长过程中不断相互渗透，相互促进。同样重要的是，它们为道德体系提供了额外的保障。在一个过程失败的情况下，另一个过程会救场，以确保儿童的道德行为。

在众多亲社会行为的天性特点中，首先是一系列被称为“移情”和“同情”的情感反应。人与人之间共同的情感反应方式将一个孩子与其他人联系在一起。在移情和同情反应的过程中，这个孩子会感知到另一个人的幸福状态，他自己的情感舒适状态也会因此受到影响，这种影响可能是积极的，也可能是消极的。这种情感影响效果为这个孩子提供了关心他人福利、帮助他人、防止他人受到伤害的动机。它也给了这个孩子一个情感方面的理由，避免让自己的暴力行为伤害到他人。

尽管移情和同情是相互关联的，但它们却有着重要的不同。南希·艾森伯格（Nancy Eisenberg）指出了这两个概念的区别：

> ……我们把移情定义为分享感知到的对方的情感。具体地说，它是一种情感状态，源于对他人情感状态或状况的理解，与感知的他人的情感状态是一致的、非常相似的……我们将同情定义为一种情感反应，它源于他人的情

感状态或状况，它不等同于他人的情感状态，但包含了对他人福利的悲伤或担忧感受。

这种区别表明，移情和同情均会对儿童的社会行为产生影响。在移情中，一个孩子分享他人的感受；然而，这个孩子主要关心的可能仍然是自己。例如，这个孩子可能会憎恨那些拥有不愉快的经历并让其感受到这种不愉快的人。在这种情况下，移情不一定会引发利他的行为：一个貌似合理的替代反应就可能让自己停止移情，与他人断开联系。移情可能提供关爱他人的愿望背后的情感基础，但它本身并不能完全建立这种愿望。而同情，则意味着对他人的直接关心，而不必拥有完全相同的感受。这意味着同情不可避免地带有利他的倾向。它的情感需求只能通过亲社会行动或通过抵制反社会行动来满足。虽然同情有时会利用移情来充当其情感基础，但在这两种情感反应中，同情更倾向于帮助对方，而不是伤害对方。

移情和同情的发展根源始于生命的早期。虽然在新生儿身上能否找到真正的移情或同情还只是一种推测（在某种程度上，也是一种语义问题），但心理学家已经确定无疑地发现了代表移情和同情早期先兆的情感反应。最早的这种情感反应之一是婴儿的哭闹反应，皮亚杰称之为“传染”。在婴儿室和新生儿病房，研究者观察到出生两三天的婴儿在听到其他婴儿哭泣时也会开始哭泣。因此，尽管自己没有病痛，但婴儿却发出了与其他婴儿的悲伤相匹配的哭声。传染性哭声形成的原因可能只是婴儿对自己与他人出现了知觉混淆，以及婴儿倾向于重复自己的行为。这可能触发了一个循环模式，在这个模式中，婴儿重复别人的哭泣反应，并误认为这就是自己的反应。然而，即使传染性哭泣只是因为这种自我认知混乱所致，它也表明了婴儿有一种天生的倾向，即对他人的不适自发地作出悲伤的反应。至少，这种倾向是移情和同情的先兆。

在生命的早期，还有其他很多情感倾向促成了孩子们的亲社会倾向。杰罗姆·卡根（Jerome Kagan）确定了我们人类天生的五种“道德情感”。移情就是其中一种道德情感（卡根没有将其与同情区分开来）。其他四种道德情感分别是：对惩罚或反对的害怕；内疚；欲望的过度满足导致的厌烦；以及对自己的信念和行为不一致的焦虑。卡根引用证据证明了这些情感反应的普遍性。如果他是对的——我确信他是对的——这意味着每个孩子降临这个世界时都自带情感的“军火库”，这些情感会阻止孩子们伤害他人。

我们可以在卡根的清单上加上其他早期的情感反应。羞耻是反社会行为的早期遏制力，也是更强大的力量内疚的先导。

内疚本身就是一种早期的基本道德情感,它有几种重要的形式,其中包括旨在调节社会关系中道德品质的人际交往形式。在幼儿身上还可以观察到的其他道德情感包括:对不公平的愤慨、对他人不当行为的蔑视、对自己良好行为的骄傲,以及对观察到的暴力行为的恐惧。

在适当的社会体验和引导下,早期的道德情感会发展成为强大的道德行为系统。移情就是一个很好的例子,它说明了天生的情感反应如何与社会体验和认知发展相结合,产生亲社会的行为。与所有其他道德情感一样,孩子们的移情反应能力可通过真实的社会体验得到拓展和改变。当孩子们把他们的移情冲动转化为行动时,他们就获得了帮助他人的体验。通常,他们还会得到引导,特别是当父母或其他导师将其帮助别人的效果反馈给他们时。随着时间的推移,社会体验和引导会将孩子随机的移情冲动转化为善待他人的始终如一的行为模式。有效的行动——例如以适当的方式帮助他人——与天生的情感反应紧密相连。更重要的是,这种情感反应的范围被拓宽,开始包括他们从未谋面的人,比如遥远国家的饥饿儿童。所有这一切也需要认知技能的发展,比如理解不同人的问题,以及知道如何最好地帮助他们。支持移情反应的主要认知技能被称为“社会角度”,或者更通俗地说,就是站在他人的角度思考问题。

由于社会体验和认知发展对于将早期的情感反应转化为有效和可靠的道德行为系统至关重要，因此道德情感在社会行为中的渗透程度在儿童之间存在很大差异。移情再次清楚地证明了这一点。有些儿童能够在情感和认知上非常敏感地分享别人的观点，有些儿童似乎不愿意或不能这样做，还有一些儿童在这方面显得反复无常或扭曲变形。人们观察发现，少年犯对于这样的想法感到惊讶：他们应该关注自己给他人造成的伤害。在暴力犯罪的青少年表达出移情的案例中，这些情感反应往往是极其错位的。一个长期暴力伤人的年轻人竟然表示，他很担心被砍来做圣诞树的松树会感到痛苦。这种失败或扭曲的移情是在孩子们出生后很久才发展起来的。现在科学家们仍然不清楚这是什么原因引起的，但是这很有可能应归因于后来的智力和社会体验，而不是先天的情感缺陷。

除了天然的情感反应系统，孩子降临人世时就已准备好了了解他人、自己以及如何处理与他人的关系。在正常的发展过程中，孩子们在童年和青春期会对社会和他们在其中的位置形成深刻的理解。他们会理解他人的特点、人际关系的运行方式如友谊和权威，以及社会制度的复杂性。他们能够分析自己的观点和他人的观点之间的联系和区别。也许最重要的是，他们可以利用敏锐的社会理解能力来指导他们与别人的沟通，以及对他人的行为和感情。

婴儿天生就已准备好进入一个社会关系对生存至关重要的世界。最近的几项研究证实了新生儿令人印象深刻的能力，他们能够让自己的注意力和行为与他人的活动协调起来。母婴之间错综复杂的互动清楚地表明，婴儿从一开始就具有与他人保持有意义的关系所必需的反应能力。婴儿还能够熟练地将自己的活动与他人的活动协调起来，这表现出了一种复杂的、具有自我意识和适应性的社会理解能力，科学家称之为“主体间性”。儿童心理学家科尔温·特雷瓦滕（Colwyn Trevarthen）在苏格兰实验室进行的研究表明，婴儿知道其母亲的行为何时与他们自己的行为同步（或不同步）。意味深长的是，当母婴的行为没有协调一致时，婴儿会表现出悲伤。这既表明了婴儿对正常互动关系的敏锐意识，也表明了婴儿对依恋关系变化的敏感。

婴儿还表现出了想要实现一些社会目标的愿望。这些目标包括与照顾者保持亲近、保持安全感和调节自己的情绪。他们表现出在社会交往中取得成功的需要——认识社会生活的规则并作出适当的行动——以及对与他们交往的人的天然兴趣。所有这些天生的欲望都驱使婴儿从出生时就开始努力理解社会。

由于对他人的天然兴趣和想要在社会交往中获得成功的天

生欲望，孩子在从婴儿期到青春期的整个过程中获得了更深刻的社会理解能力。社会理解能力的所有进步均基于出生时或婴儿期早期就存在的重要意识。曾几何时，心理学家认为婴儿出生时处于社会孤立或以自我为中心的自闭状态，现在我们早过了这样的时代。新生儿行为的社会敏感已经被确定。儿童的社会和道德理解能力存在进一步发展的肥沃土壤。其中有些进步源于知识和经验的积累，而有些进步则源于孩子对这个世界的概念取向的周期性重组。

在道德领域，发展心理学家强调了三个与行为密切相关的、在童年和青春期迅速发展的概念体系：（1）关心他人福祉；（2）理解公平；（3）尊重规则。这三个概念体系都是在生命早期出现的，但都要依靠后来的发展才能充分发挥作用。正如我在前面阐明的，道德情感，如移情和同情，让孩子们倾向于关爱他人，而社会认知技能的发展使孩子能够以有效和负责任的方式关爱他人。同样的发展原理也适用于孩子对正义和社会规则的关注。

幼儿有一定的规则意识。在婴儿期和蹒跚学步的时期，孩子们发明了重复的玩耍行为模式，这些模式几乎变成了“规则”。这些模式还没有任何道德意义，而只是带有社会规则的游戏的前兆，因为它们还不具有社会性，也不带有任何责任感。例如，一个两岁的孩童可能会重复地在房间里滚动一个橡皮球，但不会觉得这样做有何必要或强制性。幼儿还会遵守社会环境中的规则，从着装规范到行为模式。当成年人将这些规则强加在孩子的头上时，他们会听从成年人的指示，但是同样地，他们不会理解为什么这些规则很重要，也不会真正从内心里尊重这些规则。

在童年时期，玩耍的规则变成了大家共同遵守的规则，这些规则的存在形式通常是家庭守则和惯例、家人和同龄人群体中有组织的游戏以及学校的规章制度。这些社会规则是稳定的和强制性的，不再受孩子一时的兴致所左右。在有序的家庭和社区环境中，规则会被清楚地传达、统一地应用和坚决地执行。

学会服从社会规则是幼儿道德发展过程中的重要里程碑。从这一经历中，孩子逐渐意识到了尊重他人的权利和整个社会的权利的义务。从这一经历中，孩子也养成了尊重社会秩序的习惯。对孩子的行为而言，从应用前后一致的社会规则中学到的“良好习惯”，与他对规则概念的认识是同等重要的。在理想的情况下，习惯和反思在道德发展的过程中是相辅相成的，尽管情况并不总是如此。正如我将在下一章中阐述的那样，没有对孩子提出严格规则和其他共同期望的环境，就无法让他们形成这两种基本的道德能力：良好的习惯和反思的意识。

前后一致的规则和公正的执行，有助于唤醒孩子的正义感。儿童早期的其他常见经历也有助于培养正义的概念和对正义的关注。学步期的孩子与玩伴分享玩具，分吃零食，学着轮流荡秋千和骑自行车，分享东西和轮流玩耍均有助于孩子发展和平解决潜在冲突的能力。对于大多数年轻人来说，这些早期的活动将有助于他们在青春期到来的时候形成一种成熟的分配正义感。与幼儿首次遵守规则的行为一样，早期分享东西和轮流玩耍的行为很少会伴随道德强制；但它们为孩子致力于通过公平的方式而不是武力解决冲突奠定了基础。

再说一次，孩子们在重要社会关系中的经历是决定其发展路线的关键。对于大多数儿童来说，社会规则是成年人权威的体现，尽管这是非个人的、一般化的权威。公平也是成年人权威的常见体现，诚实、礼貌和其他许多美德也是如此。在所有这些方面，成年人权威对儿童道德发展的作用是至关重要的、毋庸置疑的。与此同时，同伴关系对孩子的道德取向的形成也起着至关重要的作用。遵守规则、分享东西、合作和诚实都是在与同伴的交往过程中形成的，在很多情况下，这种同伴交往完全独立于父母或老师的世界。

在孩子的社会意识和道德意识领域，他们的社会体验决定他们天生的学习的自然倾向会朝向何方。社会关系对孩子成长施以经年累月的影响，或是积极的，或是消极的。早期适应良好的经历有助于孩子进行更有益的社会交往，并让他们获得以富有成效的方式进行社会交往所需的技能。相反，早期适应不良的经历可能会扭曲孩子后来的选择，并毒害他们未来的关系氛围。从这个意义上说，一个人一生中任何时期的个人发展都可以被描述为这个人的社会关系史，而孩子的道德取向就是这段历史的产物，无论是好是坏。

除了社会和道德理解能力之外，孩子的自我理解能力在促进其积极的社会行为方面也发挥着独特的作用，这既是因为它提供了自我激励，也因为它是道德判断和道德行为之间的重要中介。基于同样的原因，强烈而成熟的自我意识可以阻止反社会活动，包括暴力活动。自我理解能力，就像孩子早期技能储备中的其他技能一样，很早就开始发展。在婴儿出生 6 个月左右，他们就会意识到自己有别于他人，而且他们伴随时间流逝具有个人连续性。在 18 到 24 个月大的时候，婴儿会对自己的身体和行为特征形成一定的认识。而且，最近有关“社会参照”的研究结果表明，婴儿可能清楚自己的情感状态。在童年期和青春期，自我理解能力以多种方式获得发展。孩子对自己、个人连续性、自己与他人的区别，以及自身客观特征的认识日益增强。一些相似的发展模式横跨所有这些层面。在童年的早期，“自我”被理解为各种独立的、互不相关的表面特征的综合体。在童年的中期和后期，“自我”是通过与他人的比较来理解的。青春期让孩子开始理解自我独有的特征对人际关系的影响：他们在很大程度上是根据自我对他人的实际或潜在影响来看待自我的。到了青春期的后期，许多孩子开始围绕个人的生活信条和未来计划来形成他们的自我意识。

在孩子发展的过程中，道德信念在自我定义中发挥着越来越重要的作用。在童年中期，孩子们不仅能够认识到是非对错，而且能够意识到惩恶扬善的个人责任。对 4 至 8 岁孩子的研究表明，年龄较小的孩子完全懂得偷盗、撒谎和伤害他人是错误的，但是他们并不觉得这样做会给作恶者带来恶果。相对而言，这个年龄段中年龄较大的孩子认为，当一个人严重违反道德标准时，他应该感到难过。我认为，这种情感变化只能通过孩子对于道德与自我关系的观念的发展变化来解释。年龄较小的孩子看到的只是一种间接的或外围的联系，而年龄较大的孩子则认为这是一种情感上至关重要的联系。后一种观点与日益增强的个人责任感相辅相成。

到了青春期的后期，孩子已经具备了将自我意识与道德价值观相结合的能力。因此，一些年轻人越来越多地开始反思自己生活中的道德目标。这种目标感可能有助于形成这样一种鼓舞人心的信念，即个人的才华、兴趣和责任可以为社会做出贡献；这种信念反过来又可能促进积极的社会参与和对未来的希望。

然而，并不是所有的年轻人都会把个人责任和道德信念与自我意识联系在一起。自我的发展有多种途径，每个人在多大程度上依靠责任和信念来定义其个人身份是千差万别的。对一些人来说，道德价值观在他们的童年时期就是自我理解的核心；对另一些人来说，道德价值观可能永远与他们的自我形象不沾边。

当然，这样的差异会影响一个人最终在多大程度上认真对待道德问题，并将自己的价值观转化为行动。对于在生活中表现出很高道德责任的人的研究发现，这些人很少区分道德自我和个人自我。他们非常认同自己的道德目标，而且认为如果放弃这些道德目标，他们就不是原来的自己。这与那些把道德问题同主要个人问题（例如物质福利、身体魅力、事业成功或社会地位）分离、割裂开来的人形成了鲜明的对比。正如一位评论家在总结有关道德判断和行为关系的研究文献时所说的那样：“讲道德、做好人、坚持公平公正，可能但不一定属于一个人的自我本质。”

无论是年轻人还是老年人，他们将道德问题和个人问题整合起来的方式，在决定其道德行为方面，至少与决定其道德理解能力方面同样重要。对于不同的人，道德价值观对其自我认同的核心作用是有差异的，可能早在青春期就能察觉到这种差异。根据最近的一项纵向研究，有些青少年认为他们的道德信念是其自我认同的核心，而且在该项研究持续的4年时间里他们始终坚持这一观念。然而，大多数青少年将他们的道德问题与自我问题分割开来，即使到了青春期后期，他们在这方面也没有什么变化。

这显然是一个值得关注的问题，因为我们有理论和经验两方面的理由认为，道德对自我的核心作用可能是让道德判断和道德行为保持一致的最强有力的决定因素。对于一些围绕道德观念来形成自我概念的人来说，他们极有可能在其一生中始终如一地将这些观念转化为行动。相对于另一些擅长争论道德问题但却认为道德对决定他们是谁不那么重要的人，他们在实际行为中往往拥有更高的道德责任感。这些人声称，他们别无选择，只能积极追求自己的道德责任，因为他们最基本的人生目标是由他们的道德观念决定的。他们几乎看不到个人目标和道德目标之间的区别。在这一点上，品德高尚的人表现出了安妮·科尔比（Anne Colby）和我发现的“自我和道德的统一”。

天性不能实现道德与自我的统一。天性提供的是建筑材料，而不是建筑。文化影响和个人发展不可避免地会决定一个孩子道德品格的形成和发展方向。只有在一个充满正确社会影响的发展过程中，孩子才能找到稳定的方式来整合道德目标和个人目标。在一个将自我提升作为优先事项的文化中，为孩子提供在自我和道德之间建立强大联系的经验和指导尤其重要。只有这样才能发挥孩子自然美德的道德潜力。

第 7 章 儿童智力和道德发展的指导框架

青少年所需的指导

在本书的第一部分，我提出了这样的观点：今天的许多孩子迫切需要指导——不是一般意义上的指导，而是负责任的、有效的、鼓舞人心的指导，这些指导可以帮助他们充分实现自古以来孩子就展现出的智力和道德潜力。在本书的第二部分，我提出了一些理由来解释为什么我们的当代文化没有给孩子提供他们所需的指导，以充分发挥他们的潜力。其中，我阐述了我们是如何沉浸在有关儿童发展需求的错误而无益的对立中的。由于这样的偏见，我们的育儿和教育实践缺乏一致性，没有正确的方向。

在本书第三部分的首个章节中，我阐述了为孩子的能力和品格发展奠定基础的天性。这些“自然的美德”为养育孩子提供了良好的起点。我认为，近些年来社会一直低估了孩子的自然优势——这是又一个现代错误概念，而这个错误严重破坏了成年人帮助孩子们充分发挥潜力这个古老使命。为了给孩子提供富有建设性的社会化影响，帮助他们培养品格和能力，我们必须立足孩子真实的天性特点，而不是某些浪漫化的关于天性特点的“传说”。

这就留下了一个问题，那就是如何给孩子提供富有建设性的社会化影响，帮助他们最大限度地发挥他们的自然优势。本书剩下的四个章节阐述了这个问题。本章从概括和理论的角度进行阐述；接下来的三个章节结合家庭、学校和社区的特定背景进行阐述。总而言之，本章阐述儿童心理学家称之为“社会化”的漫长而复杂的发展过程。我将介绍一种社会化观点，它与大多数儿童心理学教科书中的观点有所不同，与当今育儿手册中流行的观点也迥然不同。

本章的目的是提出一个总体的指导框架，说明我们在孩子的成长过程中应该如何为他们提供最有效的指导。对于某些对青少年行为而不是心理过程更感兴趣的读者来说，本章中的一些发展理论可能看起来有些抽象。但本书余下的三个章节将说明总体指导框架在家庭、学校和社区中发挥作用的具体方式。

搭建代际之间的桥梁

贯穿本章的一个比喻是，社会化就像一个搭建桥梁的过程，它将孩子的自发体验与成年人必须传递的思想和价值观联系起来。这个桥梁必须支持双行道。它还必须包括信号灯，将“车流”——孩子的行为——导向成年人希望孩子拥有的能力和品格。这种搭建桥梁的方法是一种“互动”的方法，它避免了我在前面章节中阐述的错误对立。我在本章中的主要观点是，这种搭建桥梁的方法是唯一可行的方法，可以为当今世界很多心怀不满、士气低落和没有方向的孩子成长提供指导。

社会化的主要任务是将一种文化中非常宝贵的工具传授给年轻一代。这些工具包括知识、技能、习惯、态度、价值观、实践、理解能力，以及其他诸多习得性精神和行为产物。总的来说，成年人掌握着这些工具，而大多数年轻人都没有这样的工具。与年轻人接触的大多数成年人认为，他们的角色是充当文化的代理人，并将其传承给年轻一代。成年人通常会努力向年轻人传递这种文化，并期望年轻人努力学习它。

然而，在现实中，年轻人并不总是像成年人所期望的那样乐于接纳这种文化。首先，即使是年幼的孩子也有他们自己的世界观，而这些观念可能牢不可破，坚不可摧。正如我在上一章中指出的那样，有的观念认为儿童就像一块黏土，像一张白纸，或者像其他任何被动的、不确定的物体，这种观念是错误的。从很小的时候起，孩子就是身体发育良好、适应能力强、个性鲜明的个体。

在一开始，孩子的个性特点主要源于他们的天性。到后来，当孩子不断获得他们自己的社会体验时，他们就会发展“第二天性”：也就是说，他们的个性特点会随着时间的推移而发生变化，并最终决定他们自己对待世界的反应。与其第一天性的运作方式相同，孩子的第二天性会让他们形成一种强烈的个人观点，以积极地解释他们与外部世界的所有交流互动。父母或其他成年人的任何社会化尝试都不可避免地会通过孩子的个人观点进行过滤。

对于那些希望帮助孩子实现社会化的人来说，孩子们强大的个人观点既是一个挑战，也是一个机遇。其挑战在于，由于孩子会用自己的方式来解释世界，因此他们可能不愿意或不能够吸收社会化的影响。如果外部影响不适合他们，他们可能会抵制这些影响；如果外部影响超出了他们的经验范围，他们可能就无法理解这些影响；或者如果外部影响与其他不同的信息混杂在一起，他们可能就会曲解这些影响。其机遇在于，孩子们鲜明和积极的观点为进一步的文化学习奠定了坚实的基础。

正如儿童的第二天性建立在他们的自然美德基础上，每一种社会化影响都建立在他们的个人观点基础上，个人观点本身就包含了大量的知识、意识、情感和目标等。

孩子和帮助其实现社会化的成年人之间的任何活动都可能是一种挑战，也可能是一种机遇，这取决于这种活动与孩子个人观点的联系有多密切。当成年人无法将他们传递的信息与孩子的知识、目标和情感协调起来时，这种活动就会发生问题。我在第 5 章中阐述的两种失衡均造成了观点的不协调。以儿童为中心的失衡，无法为孩子提供具有挑战性的新想法或他们所需的指导，从而造成了不协调。以成年人为中心的失衡，未能与孩子们的目标建立密切的、有意义的联系，也造成了不协调。在有效的社会化过程中，成年人必须首先搭建一座连通孩子观点的桥梁，然后引导孩子朝着积极的新方向发展。

在此刻陈述时候，这似乎是一个显而易见的、毫无争议的原则——至少在我看来，它听上去就像是一种常识。然而，在已经习惯倾听两极分化的育儿立场的背景下，这样的观点似乎很少出现。相反，我们听到了一种又一种毫无意义的对立：极端的遗传决定论和极端的环境决定论；放任自流的、以儿童为中心的观点和僵化教条的、以成年人为中心的观点，前者声称儿童在没有干涉的情况下发展得最好，后者假设儿童会对我们所说的一切事情言听计从。孩子与给其提供目标和方向的人交流互动，并从中学习，这种基本观念在白热化的争论中显得尤为独树一帜。

我使用搭建桥梁这个比喻只是为了形容给年轻一代提供方向的交流互动。社会化意味着要交流技能、信息，以及最核心的目标。最新的一些研究告诉我们，这个过程是如何实现的，以及为何没能实现。首先，我们现在知道，这个过程不可能像一些缺乏耐心的公众人物所想象的那样轻松完成，或者立即完成。说教实际上是没用的；人们不能简单地向孩子发出严厉的指令，简要描述他们对孩子的期望。相反，这一过程需要复杂的指导、支持、协作和协商。在发展研究中，这一过程被称为“权威型养育方式”“导入教育”“脚手架式教学”“引导式参与”以及，用我自己的话来说，“相互尊重地交流互动”。这些概念强调了交互过程中略有不同的方面。在这里我要强调一个我所认为这一过程的核心部分：通过引导性社会影响，孩子的目标发生的转变。

孩子们在每次社会化活动中都带有自己的目标。他们的考虑事项可能是寻求关怀、获得想要的商品、与别人进行交流，或者仅仅是玩耍。成年人在他们的所有社会化活动中也都带有自己的目标。在同孩子接触时，成年人的考虑主题可能与孩子的目标不谋而合，但也可能在其中涉及社会化目标。也就是说，成年人在与孩子互动的事项中通常包括向孩子介绍新的想法、技能和目标等。

如果成年人要实现他们的社会化目标，就不能忽视孩子在社交活动中的目标，但是，成年人也不能只顾孩子的目标。只有认识到孩子的考虑事项，同时不忘记他们自己的社会化目标，成年人才能向孩子们传达新的目标。在较长的时期内，坚持这样做的成年人将会把完整的世界观传递给孩子们。这样的世界观通常会伴随着一系列具有激励作用的新目标，以及实现这些目标的智力和个人工具。

通过引导式的社会化影响来转变儿童的目标，是一个循序渐进的过程，这个过程总是在交流互动的背景下发生的。要实现这种交流互动，成年人的目标从一开始就必须与孩子的目标保持一致，至少达到部分一致。在一开始，成年人和孩子必须有一些共同的考虑主题，即使成年人心中还会考虑其他的目标。这可能需要成年人主动进行一些调整。

例如，一位母亲想要她两岁的儿子学习餐桌礼仪。她先教他拿叉子和勺子，他本着玩乐的精神热心地摆弄起来。在最开始的时候，这个孩子使用餐具的方式完全谈不上什么餐桌礼仪。这种方式显得怪异、粗鲁和笨拙，最后的结果比他直接用手指抓食更糟糕。这位母亲容忍了他，或许是出于同样玩乐的精神，或许只是容忍了。最终，通过帮助、示范、训诫和不断地诱导，这位母亲把儿子的玩乐行为规范成了一套有条有理的文明用餐流程。这套文明用餐流程包含着人们对餐桌礼仪的全部观念及其社会含义。例如，这个男孩可能会贬低那些吃相难看的人的冒犯行为（“弗雷迪真是一头猪！”），并最终疏远这些人。一旦这个男孩接受了这样的观点，他就会越来越少需要母亲的支持。心理学家用“脚手架”的比喻来说明，孩子在其目标发展转变的较长时期内对成年人支持的需求在逐渐减少。

餐桌礼仪只是社会化产物的一个例子。与通过社会化影响形成的所有其他习惯、态度和目标相比，餐桌礼仪只是一个相对微不足道的社会化产物。但是，几乎每一种新的认知洞察，以及几乎每一种成熟的道德反应，都要部分归功于社会化影响所促成孩子目标的转变。如果要让孩子的天性成为其取得智力和道德成就的有效工具，我们就必须通过这种社会化影响来拓展、放大、改进和丰富他们的天性。正因如此，社会化对孩子的未来，以及他们将要继承的这个社会来说都是至关重要的。

社会化过程的一个重要组成部分是正确沟通。孩子每一次目标的转变都始于其与成年人大致相同的考虑主题。如果让孩子和成年人的初始目标保持一致的沟通桥梁没有建立，那么他们之间就无法达成一个共同的考虑主题。如果没有这种初始的匹配，成年人就不可能对孩子的观点产生任何持久的影响。因此，所有的指导都必须从搭建通往孩子天性特点的桥梁开始，无论这些天性特点是他们的“第一天性”还是“第二天性”。最有效地搭建桥梁的方式始于认识孩子自身的能力和目标，并将其纳入成年人的指导框架中。

认知心理学家将这种搭建桥梁的过程描述为“专家”与学习者建立“认知学徒关系”的过程。成年人（即“专家”）通过与儿童（即“新学徒”）合作完成一项任务，例如具有挑战性的科学项目，来向儿童传授新的智力技能。成年人与儿童谈论这项任务，并留心这个孩子自发的执行这项任务的方式。他们首先一起尝试这个孩子提出的策略，然后，成年人再演示——即“示范”——其他的完成任务的方法。其他方法必须与这个孩子提出的方法具有一些共同的特点，但是新的方法必须在有效性上超过这个孩子提出的方法。只要新的方法与这个孩子自己的方法不是相差太大，这个孩子就可以观察、理解它们，并与成年人一起使用它们。正是通过这样的示范和协作过程，孩子们获得了新的见识和技能。

近年来人类学家发现，这种教育方法在世界各地许多传统文化中被广泛使用，而且通常具有很好的效果。例如，玛雅的母亲通过可能持续数年的学徒期向女儿传授复杂的烹饪技能。起初，在女儿很小的时候，母亲和女儿会一起玩食物游戏，比如滚动和拍打玉米饼面团。很快，这个孩子就会自己做一些粗糙的面团。母亲对这些面团的形状稍微整理后，放到烤箱里烘焙。这个孩子不断观察、参与和练习，在这期间接受母亲的精心指导。在女儿准备好面团后，母亲在一旁监督，让她尝试在烤箱里烘烤她的面团。母亲的监督起初是充满警惕的，但到后来就逐渐放松下来。等到童年结束时，女儿已经是一名技艺高超的厨师，能够熟练地使用所有的烹饪工具和技巧。

在我撰写的关于儿童道德发展的著作中，我把这种搭建桥梁的过程称为“相互尊重地交流互动”。“相互尊重地交流互动”的四个要素是：（1）创建成年人和孩子共同感兴趣的对话或项目；（2）在对话或项目中向孩子介绍成年人的智力或道德主题；（3）鼓励孩子积极参与对话或项目，并允许孩子充分表达自己的观点（无论这些观点听起来有多么荒诞）；（4）以孩子能理解的方式表达成年人的观点。如果成年人想要对孩子的观点产生持久的、富有建设性的影响，所有这四个要素都是必不可少的。

为了进行有效的道德教育，成年人必须用清晰描述和统一执行的基本道德原则来对待孩子。公平、善良、诚实、社会责任等原则是不能妥协的。当成年人毫不犹豫地表达他们对这些原则的信念时，他们就为孩子“示范”了对道德价值观的坚定尊重。这会鼓励孩子面对自己自然的道德情感，培养更强的道德意识。与此同时，这种指导也增加了孩子对权威的尊重。

作为一种搭建桥梁的方式，“相互尊重的交流方式”建立了一种包容不同意见的氛围。教育对话中的宽容并不像某些人错误推断的那样，意味着成年人在与孩子讨论伦理问题时应该保持价值观中立。事实上，成年人表现出价值观中立可能会产生事与愿违的后果。由于这不是在用真正持有的真实信念对待孩子，因此它会让孩子对道德选择产生一种漠不关心的态度——甚或是愤世嫉俗。在他们的道德导师都在克制表达自己的价值观的时候，孩子们为什么要费力不讨好地去解决道德问题，或冒险表明自己的立场呢？

就像所有的社会化实践一样，道德教育必须触及孩子的目标，以及他们的观念、技能和情感。正如我在上面阐述的，要影响孩子的目标，就必须与他们具有共同的考虑主题，并将其推向一个新的方向。在与孩子们交流互动的过程中，只有当成年人承担起领导角色时，这种情况才会发生。当然，这种领导绝非孩子视其为影响自身观念和天性的霸道专制的外部力量。

要对孩子们的观点产生持久的、积极的影响，成年人必须在一种参与性和协作性的关系中发挥领导作用。

同样地，儿童心理学家学会了区分“权威”和“专制”的亲子关系。在权威型亲子关系中，父母在开放的、双向的对话中向孩子传达坚定、一致和明确的期望。在专制型亲子关系中，成年人只会向孩子传递专制的权力，期望孩子倾听和行动，而不用发表自己的任何意见。研究表明，权威型亲子关系会引导孩子获得真正的能力和责任，而专制型亲子关系让孩子只在有成年人监督的时候才表现良好。

具有讽刺意味的是，专制型育儿的结果在某些方面与纵容型养育的结果相似，尽管这两种育儿方式表面上看起来是不同的。在这两种情况下，孩子都没有机会学习稳定的控制手段并将其内化——在专制型亲子关系中是因为父母的规则缺乏理性或一致性；在放任型亲子关系中则是因为从一开始就没有任何规则。因此，这两种亲子关系都没有给孩子们提供令人信服的、可以让他们用来指导自己生活的标准。相比之下，权威型亲子关系既包括一致的标准，又包括对这些标准目的的合理解释。父母不仅期望孩子依据这样的标准行事，而且还会向孩子解释为什么要这样做。从长远来看，孩子们自然而然地会觉得这很有说服力。

具有协作、指导和公开交流性质的关系有助于孩子们获得他们需要的技能和知识，从而确保他们自己的生存和文化的生存。基本技能和复杂技能都可以按照这样的方式传递：无论是烹饪技能还是读写能力，代际传递的过程依赖于统一的沟通和社会化的原则。成年人和孩子之间在一开始必须具有共同的兴趣。这并不意味着要屈从于孩子的考虑，而是通过相互协商达成的临时共识。在成年人坚持不懈的指导下，孩子自己的考虑最终会朝着培养更高技能和智慧的方向发展。在许多方面，但不是所有方面，孩子的新观念都是在效仿长辈们的观点。之所以不是所有方面，是因为新一代人确实在某些方面超越了上一代人。

社会化的悖论在于，通过成年人的指导，孩子学会了发出自己的声音。这不仅发生在道德领域，而且还发生在智力领域。相互尊重地交流互动和其他形式的指导合作帮助孩子培养了强烈的道德取向和对日常道德问题的深刻理解。孩子学会了如何在模糊的情形下找出道德问题，如何将基本的道德价值观应用于不熟悉的问题，以及如何在没有人指引方向的情况下提出道德解决方案。熟练应对这些重要挑战的唯一途径是培养解释、理解和解决道德问题的能力。这需要孩子有一定程度的自主思考和反思能力。有效的社会化能鼓励孩子尊重道德权威和学会独立思考；鼓励他们增强道德情感和道德信念；习惯性地对道德问题作出回应，并进行积极的思考。

近年来，在道德教育工作者当中，那些希望培养孩子良好习惯的人和那些鼓励孩子发展道德推理和反思能力的人之间存在着激烈的争论。这场争论双方大致沿袭了保守/自由主义的路线。也许你都猜到了，保守派担心过多的推理和反思会扼杀道德反应，削弱对权威的尊重；自由派担心过分强调习惯，会使孩子们变成盲目的追随者或道德上迟钝的机器人。正如我将在本章最后一节中论述的那样，我认为这是另一个不幸的错误对立。不过，至少在这种特殊情形下，我可以理解这种对立的根源：因为获得这一种能力，就不能确保获得另一种能力。然而，我们被迫在这两种养育后代的方式之间做出选择，我认为是可悲的。

建构完整儿童

促进培养习惯和反思，只是培养所谓“完整儿童”的社会化实践的众多方式之一。在今天的教育界，一些未加分析的有关“完整儿童”培养方法的说法，本身就带着不实和误解。但总体而言，这种观点代表儿童发展需要的立场朝着更统一、全面的方向迈出了重要一步。为了让这一立场产生积极的作用，我们必须准确定义“完整儿童”，以此识别那些把这种统一、全面的愿景当作目标的各种社会化实践。

从最广泛的层面上来说，“完整儿童”培育方法是指促进儿童智力和道德的发展。社会化必须承担培养能力和品格的双重目标：顾此失彼是行不通的。如果儿童获得了技能但却没有明确的价值观，那么他们就会滥用这些技能，或者无法为其找到持久的意义。如果儿童获得了价值观却没有技能，他们的良好意图就无法实现。将智力问题与道德问题分开的教育实践——无论是在家里、学校还是社区——就会冒失去平衡的风险。只有让孩子全面发展的社会化实践，才能传授能力和品格的构成要素，并将它们有机结合在一起。

能力和品格的构成要素是什么？我们的社会化实践是如何推动这两者统一发展的？在这里再说一次，我们必须抵制对不同能力进行简单两极分化。在能力方面，社会化必须传授智力技能和知识以及学习倾向；创造能力以及缜密的思考能力；合作的精神以及竞争的能力。正如我将在下面阐述的那样，在品格方面，我们有必要将习惯和反思结合起来。在当今的文化争议中，类似这样的不同能力常常被父母和教育工作者视为必须两者择一的选择。这是我在第 4 章和第 5 章中阐述的破坏性对立思维的又一个例子。我们的社会化实践不仅有可能而且有必要关注人们假想的这种对立的两个方面。我们不应该把它们视为两极，而应该把它们视为在发展过程中相辅相成的两个方面。与一些两极分化的教育辩论所暗示的不同，能力和品格的构成要素都不是单向度的。

“文化素养”的倡导者认为儿童需要了解事实，以便恰当地解决问题，有效地与他人沟通，并在这个世界上行走，这一假设是正确的。但真正的能力需要知道重点关注哪些事实。这需要具有区分事实与虚构的能力，并对两者进行很好的推理。简而言之，它需要思考技能和事实性知识。一些教育批评家将这两者对立起来，这是现代最荒谬的错误之一。

同样地，像另一些教育批评家试图做的那样，将创造力与严谨缜密的思考割裂开的做法也是站不住脚的。孩子有强大的创造倾向，我们当然应该鼓励他们去锻炼这种能力：学校只会让孩子死记硬背，这简直是人类天赋的一种极大浪费。但是，任何成就，无论多么有创造性，都需要付出相当多的刻苦努力，而且它还势必会带来乏味和挫折。如果要让创造性工作有价值，就必然要付出努力，这对孩子和成年人来说都是如此。要发展创造性天赋，孩子就必须学会认真地对待这些天赋。即使是年龄很小的孩子，也能从这种平衡的、同时促进创造性和自制力的教学氛围中受益。

一个平衡的教育计划会避免毫无意义的对立，致力于发展孩子全部的才能和兴趣，从而培养他们的能力。这就是（或至少应该是）“完整儿童”教育方式的含义。从平衡的教育体验中，孩子不仅能够获得特殊的技能和知识，而且能够获得进行深入学习的持久倾向。这种倾向包括批判性和创造性思考的能力、好奇和开放的心态、系统性地处理问题的倾向，以及从各种社会环境中学习的能力，包括强调合作的社会环境以及强调竞争的社会环境。学习的倾向是一个人能力终生发展的核心。它们至少是与孩子可能获得的任何技能或知识同样重要的早期教育的产物。在第 9 章中，我将论述重要的学习倾向，以及我们如何帮助孩子养成这种倾向。

关于儿童能力的最有争议的辩论发生在教育政策领域，这毫无疑问是因为人们对现代学校的质量和表现有太多的不满。尽管美国人开始认为，美国学校的表现尤其不佳，但事实上这种不满情绪已蔓延到了全世界。一个普遍性的问题是，19 世纪的学校教育模式实际上仍然在各地的公立学校教育中占据着垄断地位，尽管我们已进入了 21 世纪。这种 19 世纪的教育模式已经与当今广大的青少年严重脱节，它迫切需要改革。我将在

第9章中回过头来详细论述我们的学校，以及我们如何改革这些学校，从而使它们能对孩子的发展作出更有建设性的贡献。在这里，我只简单地提出，这些改革必须遵循我在本章中论述的社会化原则。像养育的所有方面一样，在学校培养孩子的能力有赖于向他们传授新的目标和技能。此外，在所有环境中，包括学校的跨代沟通，始终是在成年人的考虑和孩子自己的兴趣之间搭建桥梁会遇到的一个问题。

要培养孩子们的技能和理解能力，教育工作者就必须在一个鸿沟上架起桥梁，这个鸿沟的一边是儿童早期生活中形成的自发兴趣、想法、价值观和目标，另一边是学校要传授的知识。在孩子已准备好向学校生活积极过渡的理想情况下，这样的桥梁建设就是不可避免的。毕竟，学校给孩子提供了一个提高能力的机会。那些认可这个机会的孩子将会全身心投入到学校生活中，因为孩子总是在寻找各种新的方式来获得能力。但是，很多孩子从来看不到学校提供的东西和他们自己能做或想做的事情之间的联系。对于这样的孩子来说，他们的自发兴趣和学校的考虑之间的鸿沟太大。他们看不到学校活动的意义，所以他们变得心不在焉。

如果心不在焉的孩子只占极少数，那么我们可能会热烈讨论他们应该付出什么样的特别努力。但是，正如我在第1章中所指出的那样，这样的孩子在当今社会中无处不在——他们在不太富裕的社区最显眼，但绝不仅限于这样的社区。教育这群心不在焉的孩子的挑战是教育所有孩子的教学工作中不可或缺的一部分，它需要统一的教学原则。

在迎接这一挑战的过程中，教育工作者必须解决学校教育鸿沟两边的问题。他们必须想方设法激发孩子的自发兴趣，同时让他们获得必要的技能、强有力的思想和对更多知识的渴望。学校课程的设置必须与孩子当前的水平和未来的水平相关。在小学阶段，学校课程必须建立在孩子天生的兴趣和技能基础上，必须引导孩子知道他们将在严格的纪律下开始学习。

搭建一座双行道桥梁——连接孩子之前能力和之后对学科知识的理解——才是当今学校最需要的。正如我将在第 9 章中阐述的那样，当前许多学校改革中的对立情绪已经削弱了这种搭建桥梁的努力。当改革者对玩乐与刻苦练习、看字读音教学法与整体语言教学法、解读力与理解力、自尊与技能掌握、学校即玩乐与学校即努力的优缺点争论不休时，他们站在了鸿沟的一边，而把对手置于鸿沟的另一边。如果我们要帮助我们所有的孩子充分发挥他们的学习潜力，我们就必须设计出可以在这些鸿沟上搭建桥梁的学校教育项目。

品格的社会化：习惯与反思的统一

关注儿童品格发展的社会化实践，必须促使儿童形成良好的习惯和认真反思的能力。我们决不能被那些将这两者对立起来的人分散了注意力。习惯和反思确实是两个不同的心理系统，有着不同的发展根源。要让这两个系统统一起来，我们必须认识到它们之间的差异，但这并不意味着我们应该把这两者对立起来。

习惯深深地根植于儿童的情感和行为反射系统，而反思则源于抽象的认知体系，与儿童的智力能力密切相关。习惯建立在天性基础之上，并得到多年实践的支撑，而反思则依赖于假设或推理等洞察力的发展。习惯在行动层面发展，而反思则在意识层面发展。习惯是自然而然的，而反思则受决定（以及犹豫不决）支配。习惯是自发的，根植于一个人的直接体验，而反思则会采用在时空上与一个人所处情形相去甚远的概念。

习惯和反思都可能是道德行为的来源，尽管这两者差别很大。习惯支配着我们大多数人的大多数道德行为。总体而言，从童年的早期开始，绝大多数人的社会生活都是和谐的、井然有序的。孩子不会经常性地去抢劫、杀人或撒谎：即使在问题人群中，这样的行为也属于特例。孩子通常不会偏离我们的社会规范，其原因是他们通过天性和实践获得了关于情感和行为反应的习惯性模式。对于大多数孩子来说，在大多数时候，这样的习惯性模式会引发帮助别人或分享东西等亲社会行为，并防止暴力或盗窃等反社会行为。

但在某些情况下，孩子的正常行为模式达不到环境的要求。情况发生了变化；意想不到的新环境突然出现；新的强大诱惑出现；旧的习惯受到考验，或者变得不再适用。在这样的关头，孩子必须诉诸于反思来评估他们的选择。在人生的关键转折点上，这种反思意识的过程可能是至关重要的。它们产生的深思熟虑的选择可能引导孩子的道德意识和责任感达到全新水平。

我所知道的最好的例子来自安·科比（Anne Colby）和我最近出版的有关道德责任感发展研究的著作。我们在这本著作中描述的 23 名具有高度奉献精神的人都有过变革性洞察改变人生轨迹的时刻，使他们能够毕生致力于追求道德目标。通常而言，这样的时刻出现在生命的早期，紧随其后的是反思意识的过程，这个过程会让他们在其一生当中不断产生新的洞察和选择。

例如，热情的民权领袖弗吉尼亚·杜尔（Virginia Durr）从 7 岁时开始经历的一系列事情，帮助她摆脱了自己习惯性的种族主义。在弗吉尼亚的生日聚会上，一个表亲侮辱了她喜爱的一个黑人孩子，弗吉尼亚进行了强烈的抗议。随着这次抗议，弗吉尼亚开始对她从小就习以为常的歧视制度产生了一种全新的批判观念。后来，在念大学时，她仍在为自己不愿与黑人同学同坐一张餐桌的倾向作斗争。直到她开始与黑人妇女在共同的政治事业中并肩作战时，弗吉尼亚才完全摆脱了她早期的偏见，开始全心全意地相信种族平等。弗吉尼亚的信念是在数十年的观察、体验和反思中形成的。步入中年，当她作为领导人开展给予所有美国人普遍投票权的斗争时，她才收获成果。

根据自觉的道德反思做出新的行动选择是非常重要的，并且是值得注意的，因为它们常常会影响先前的发展轨迹。然而，它们在人的一生中还是比较罕见的。相比之下，习惯性反应则会频繁产生道德行为，人们早已对此司空见惯，熟视无睹了。我们认为理所当然的所有作为与不作为的道德行为——母亲照看自己的孩子、敬业的老师帮助她的学生、男子拒绝偷乞丐的东西——通常都是通过习惯性的情感和行为过程产生的。正因如此，道德生活是建立在习惯基础上的；尽管在弗吉尼亚·杜尔的例子中，道德生活有时候可能会通过反思来进行调节。

在对具有较高道德责任意识的人的研究中，我们发现他们会自发地、不假思索地履行责任，就好像出于习惯的力量。即使他们最勇敢的行为，也带有“自觉”的特质。这实际上类似于大多数人在做出普通的道德行为时的行为模式。道德水平较高的人的不同之处在于，他们将这种习惯性的道德模式应用到了他们最深远的社会愿景中。他们的道德情感很快就会被他们观察到的东西或经历的事情所触动。一旦他们的道德情感被触动，他们就会完全沉浸在他们关心的道德问题中，而且怀着高度明确和清晰的目标。但必须记住的是，反思在他们强烈的——以及最终习惯性的——责任意识初步形成的过程中发挥了关键的作用。

自然，年轻人必须学会习惯性地正确行事。道德生活主要建立在良好的习惯基础上。重要的是，年轻人要学会抵制不道德的诱惑，就像大多数人不会抢劫无助的乞丐或伤害他们心爱的人一样。但是，当反思根植于良好的价值观念时，它会支持而不是悖逆习惯性的道德反应。此外，反思是防止人们时而无心犯下严重道德错误的一种方式。只有当习惯和反思结合在一起时，持久的道德责任感才成为可能。我们的目标正是在孩子身上培养这种责任感。这个目标肯定会推动我们的社会化实践。

反思和习惯都是决定孩子道德品格的基本因素。对于那些关心青少年品格的人来说，关键的一点不是权衡这两者孰轻孰重，而是找到同时促进它们发展的方法。单独促进反思发展，或单独促进习惯发展，这都是不够的。我们必须帮助孩子想法整合反思和习惯这两种不同的心理系统。因为道德发展的主要部分不是简单地获得良好的习惯或深刻的反思，而是培养在这两者之间轻松切换的能力。这种能力需要一个人对自己的习惯有自觉的意识。更重要的是，它需要一个人的理论道德信念与其根深蒂固的情感和行为反应系统保持一致。

习惯性的道德行为和道德反思为彼此的进一步发展创造了条件。对道德问题的反思无法形成道德习惯，但从长远来看，它可以滋养和引导道德习惯。同样，良好的习惯可以将反思导向有道德价值的方向。随着这两个系统变得越来越协调，它们之间可能会形成更大的相互支持。正因如此，促进这两者的一致性对孩子的品格发展大有裨益。

没有单一的方法可以促进这种一致性。相反，只有多样化的体验才能帮助孩子整合道德习惯和反思，并最终培养持久的道德责任感。道德体验的多样化对于品格的发展，就像教育的平衡对于能力的发展一样重要。这种多样化的体验包括直接参与道德活动，例如服务他人的需要，观察他人的道德行为，与受人尊敬的同伴和成年人讨论道德问题，以及反思道德活动对自我认同感和目标感的意义。正式的、传统的宗教或精神教育也发挥了重要作用，对世界上超然的道德问题的意识引导也发挥了作用。在第 8 章和第 10 章中，我将结合孩子的家庭和社区背景来阐述相关原则。

自觉的道德反思和习惯性的道德反应相结合，有可能最终实现自我意识与道德意识的统一。同时，它也有可能让当今许多孩子远离困扰他们的空洞的自我提升。

习惯和反思的整合包括了人们对道德活动做出反应的各种智力和行为方式。反思为习惯提供了支持和观点，而习惯性反应则为反思提供了内容和形式。这是一个强有力的组合，既卓有成效，又鼓舞人心。这种整合促进了我在本章中阐述的所有重要发展过程：目标转变、沟通和责任感。它促进这些过程的方式是创建前后一致的行动和反思系统，既支持又挑战孩子们道德责任感。单靠习惯或反思都不能做到这一点。习惯性的行为本身会导致发展停滞；而没有根深蒂固的习惯作支撑的反思则会导致矛盾或被动。当这两者结合在一起的时候，孩子的道德责任感才能真正地永葆活力——也就是说，它们不仅能够持久生存，而且还能够不断发展。

反思和行动的整合依赖于统一的信念系统。这种信念系统必然体现在指导孩子作出人生选择的所有认知和行为体系中。它必然体现在习惯层面、判断层面以及反思性的自我理解层面。这种信念系统必然非常有说服力，既能保护稳定的责任感，又能引导每个系统的动态变化。在这个过程中，孩子持续的道德发展成为可能。

第 8 章
养育方式

焦虑的父母

当我与父母团体会面时，我经常听到一种令人不安的观点。一位母亲是这样说的：“现在的父母都害怕自己的孩子。”她指的不是身体上的威胁，而是一种情感上的勒索。每当她的孩子难以如愿时，她就会受到这种情感勒索。她现在已听到许多父母表达了类似的担忧，我自己也多有耳闻。

当然，孩子总是试图使用诸如发脾气等情感策略来达到他们的目的。迟早，父母都会明白，为了每个人的利益着想，坚守底线是最好的办法。但是，坚守底线需要一定程度的文化支持，同时也需要有一种信念，即这样做确实有利于孩子的发展。在一个文化支持对许多父母来说已经瓦解的时代，在父母对什么最有利于孩子感到不确定的时候，父母更容易被孩子们带来的情感上的压力拖垮。他们既害怕孩子们提出要求，又担心自己为他们做得不够。

父母的情感压力可能是多种多样的。最良性的压力是自我诱导的压力。许多尽职尽责的父母担心让孩子感到失望，担心因为自己不够敏感或周到而伤害他们，担心没有精心保护好他们并使其免受世界上的各种危险。其中一些担忧并非没有根据。不幸的是，现代社会的许多地方对孩子来说已经变成了危险之地，很多父母对他们无法改变这种现状感到心神不宁，这是可以理解的。但另一些担忧来自现代文化以儿童为中心的情感，而不是来自这个世界的客观条件。一些父母担心，如果他们要求自己的孩子遵守比其同龄人更高的行为标准，那么这可能对自己的孩子不公平，而且可能会破坏孩子们的友谊。无论贫富如何，父母都感到有压力，要给自己的孩子提供与周围其他孩子一样的玩具和昂贵衣服。这些完全是现代社会的压力，对那些希望给孩子提供最好的一切的父母来说，这种压力尤其沉重。

另一个带有鲜明当代气息的自我诱导的压力，是父母担心自己为天赋儿童做得不够。在我担任一家人类发展中心的主任时，我经常接到一些父母为咨询育儿问题而打来的电话。在我听到的所有问题中——睡眠障碍、学业问题、抑郁、尿床和反社会行为等——迄今为止最常见的问题是在父母看来异常早熟的孩子的“问题”。父母能做些什么来培养孩子的特殊天赋呢？父母必须提供哪些额外的关注、激励和资源呢？为了不让孩子们的非凡天赋白白浪费，孩子的家人需要做出什么牺牲呢？我并不想显得冷酷无情，但我的回答是，早熟并不总是崭露头角的天才的标志，才能的发展需要经历很多年的时光。在一开始，有些孩子行动迅速，有些孩子则行动迟缓；那些愿意帮助孩子培养才能的父母必须做好长期的准备。当有人问我时，我总会如是回答：是的，我相信你的孩子很有天赋，就像我遇到的几乎所有其他孩子一样。养育孩子的挑战和乐趣在于发掘每个孩子令人惊叹的天赋。但是，我感觉我说的话对于帮助无数感觉“自己的孩子是天才”的父母减轻过重的心理负担并无多大帮助。

当今父母的压力并非都来自他们自己的担忧或责任感。首先，孩子由来已久的发脾气的习惯仍然让我们拙于应付。我很惊讶地发现，现在有这么多的父母会不假思索地屈服于幼儿的突然发怒。这些年，靠发脾气蒙混过关的孩子学会了用更微妙、更有效的方式向父母施加情感压力。事实上，新的方法一直层出不穷，它们往往独出心裁，行之有效。我从几位青少年的父母那里听到的一种比较常见的策略是“罢工”。孩子干脆什么都不做——不上学，不做家务，也没有户外活动。在某些情况下，孩子可能不梳妆打扮或不洗澡。自然而然地，父母会对这些看似病态的行为感到惊慌，并可能会帮助孩子寻求治疗。然而，通常情况下，当孩子重申父母一直拒绝的要求——新的自由、调换学校、更好的生活空间和更多的个人资源——而且父母作出回应时，问题很快就会得到解决。这样的解决办法可能会让父母大大松一口气。但是，倘若孩子学到了这样的信息，那这种宽慰可能只是暂时的：人们只要愿意在追求自己愿望的过程中走极端，他们就不需要接受否定的回答。

在我们教导孩子要把自己的感受放在首位的文化背景下，让孩子接受否定的回答是很困难的。无论父母在家里跟孩子们说什么，孩子们在社会上听到的多个版本的信息均是，他们的感受是第一位的。我们不断地鼓励孩子要相信自己，并努力实现自己的愿望，结果他们学会了这样做，而且具有百折不挠的毅力。他们步步紧逼，父母通常感觉对他们不得不缴械投降。

我的孩子也是在当今社会中成长起来的，作为父母，我对此感同身受。在这件事或其他有关育儿的事情上，我的做法或行为并不见得比别人高明。就我自己的育儿方式而言，我相信我犯过所有常见的错误。我清楚地记得有一件事发生在我的两个最大的孩子还在上小学的时候。那是一个周末，我负责为他们准备午餐。他们想要吃麦当劳，因为他们听说那里正好有一个特别的促销活动，但我受不了又吃快餐。我提出了其他几个选择，但他们立马就拒绝了。他们继续吵着要吃麦当劳，而且闹得越来越凶。最后在绝望中，我告诉他们麦当劳关门了，因为那天是周末！他们最终相信了我的话，我们在家里吃了午餐。但是，即使在这些话从我口中出来的那一刻，我也不敢相信我会说出这样的话。当我回想起这件事的时候，我感到很震惊，我竟然沦落到了这样的地步。我回应孩子们的方式几乎违背了我对亲子沟通的所有观念。首先，我找的借口是个谎言。就像所有的谎言一样，真相最终会浮出水面，只要我的孩子们发现麦当劳在周末实际上仍会营业，我的谎言就不攻自破。在这一点上，我的可信度和我的孩子们对真相的尊重程度都会降低。此外，我的话给他们传递了一个隐含的信息：尽管我拥有更好的判断力，但要不是那天恰好是周末的话，他们可能会通过不断纠缠来达到自己的目的。我没有教他们尊重我的权威，也没有教他们如何得体地接受“不”的回答。相反，我迎合了他们已有的观念，即成年人绝不应该辜负他们的心愿。

家庭的压力

在20世纪末，养育孩子并不是一件容易的事。家庭生活的压力涉及方方面面，包括从经济到情感方面。很少有父母认为他们为自己的孩子提供了“足够的东西”——无论这些“足够的东西”是商品、保护、教育还是时间。越来越多的单亲父母独自抚养孩子，几乎没有社会支持。其中有些父母在永久性的赤贫状态下日复一日地勉强度日，有些父母享受着今天中产阶级富裕生活的所有物质利益，但他们仍然觉得无法为自己的孩子提供他们希望提供的一切东西。他们应接不暇地满足着孩子的各种要求：昂贵的商品、衣服、玩具和服务。与此同时，在拼命满足每一个这样的需求时，许多父母感觉到他们的家庭生活中存在一种真空，一种不完整的感觉。一代一代传承的精神之线——它总会在父母和孩子之间建立联系和沟通的渠道——在现代不确定的风向中逐渐磨损。

父母可能会向受人尊敬的专家或机构寻求指点，但他们几乎无法达成共识。事实上，这些专家和机构饱受诟病，他们的信誉正在迅速丧失。这方面最突出的例子是过去十年中老师和学校遭受的猛烈抨击。正如我将在下一章中阐述的那样，虽然有些批评是有正当理由的，但总体的效果是削弱了父母对负责其子女教育的人和机构的信心。父母对自己的孩子在学校受到的待遇开始感到怀疑，并很快就表达了这些疑虑。我们再也不能假定父母和老师们能够相处融洽了。当着自己孩子的面，父母会抱怨老师在评分或纪律方面不公平，抱怨她布置的家庭作业不合理，甚至抱怨老师的任教能力。这样做不可避免地摧毁了父母和老师在孩子心中的权威性，也削弱了社区向孩子传达清晰而令人信服的标准的能力。因为，正如我在本书中指出的那样，有效地传递标准需要整个社区范围内适用的“青少年宪章”，而这种宪章只能通过孩子生活中所有重要人物之间达成的基本共识才能建立起来。

随着家庭以外的机构的信誉下滑，家庭自身的信誉和权威也在减弱。父母发现他们在养育子女方面的不足正饱受诟病。他们因忙于工作而被指责忽略或冷落家庭，他们遭到高喊口号如“家庭重要”的政客们的训诫，他们因自己孩子的所有过失而遭受骂名，他们完完全全处于守势。父母的地位曾经会让人油然而生敬意，现在则更有可能被评头论足，并遭到某种程度的质疑。在谈论家庭方面的话题时，邻居们往往会毫不顾忌地相互批评对方的育儿方式。育儿咨询专栏和脱口秀节目频繁地展示不负责任的育儿例子，并配有谴责性的评语。在欧洲和美国的许多地方，甚至有一些运动要求父母为其孩子的不当行为承担法律责任。就在父母感到他们控制家庭的能力正在减弱的时候，他们遭到了愤怒的批评，面临着巨大的社会压力，他们被要求对其子女的行为承担更多的责任。

家庭控制权的丧失既是一种感觉，也是一种现实。首先，这是因为许多父母对自己的道德权威失去了信心（当然，老师也是如此，我将在下一章中阐述这一点）。在现代令人困惑的文化相对主义和令人不安的文化战争之间，我们社会中的成年人变得不确定应该给孩子传授什么"正确的"东西，以及不该给他们传授什么东西。父母们试图从公开辩论中寻找方向，发现只有嘈杂的政治化的争论。电视广播中充斥着公众人物为寻求关注或政治利益而就错误的对立进行的辩论，这也对父母们毫无帮助。现代的文化观念暗示孩子们是无能的、没有道德原则的和脆弱的生物，还没有准备好接受严肃的道德教育，这对父母们也毫无帮助。父母们向育儿专家寻求摆脱这种困境的方法，结果发现这些专家只是在生硬地套用现代文化的相对主义和骄纵观点。

佩内洛普·利奇是当今最受欢迎的育儿专家之一。她的书《你的孩子：从出生到五岁》（*Your Baby and Child from Birth to Age Five*）取代了斯波克博士的著作，成为许多年轻母亲为迎接新生儿而阅读的第一本书。利奇将斯波克以儿童为中心的倾向推向了极端。利奇的育儿愿景是，在提出任何期望、规则或要求之前，母亲要警惕地观察自己的孩子是否有准备好接受的迹象。根据利奇的观念，孩子是不可动摇的，他们具有可怕的、不可抵挡的意志力量。睡眠和吃饭模式必须遵循孩子们的时间表，而不是父母的时间表。训练孩子们使用厕所的习惯是一种“选择”，“现在是，将来仍然是，孩子们的选择”。训练孩子使用厕所的习惯是一项失败的事业，因为孩子必须按照自己的意愿行事：“不要强迫孩子坐在马桶上……”利奇写道，“你越清楚地表明你想让他坐在马桶上，他就越不想坐在那里。由于训练孩子使用厕所的习惯只能通过他们的自愿合作才能成功，因此这场拉锯战注定会失败。”

但在利奇的书中，真正令人惊讶的部分来自她阐述的孩子的社会行为。不知何故，她把上学前的撒谎和偷窃行为从道德范畴里彻底抹杀掉了。关于撒谎，她写道：“你的孩子不小心摔碎了他妹妹的洋娃娃。面对此事，他矢口否认。你对他撒谎的行为可能比对他摔碎洋娃娃的事情更生气。但重要的是，他应该意识到自己犯下的错误。承认自己的错误倒显得不是那么重要。”关于偷窃：“显而易见，你要谨言慎行，不要让你的孩子看起来像是在偷窃，因为其他人很可能会对此大惊小怪。但不要在孩子们年龄这么小的时候把它变成道德问题。”人们肯定会好奇，为什么不能这样做呢？你的孩子们的道德发展对你来说不重要吗？

利奇对待孩子行为的方法，会妥妥地消除父母在家庭中所剩不多的一点点控制感。在其中一段让我每次读到都感到难以置信的文字中，利奇为孩子在父母权威面前讨价还价的策略进行了辩护。如果一个孩子“相当聪明”，她写道，这个孩子就会发现，每当父母发出指令时，他都有“讨价还价的权力”。例如，当父母要求这个聪明的孩子穿上干净的衣服时，这个孩子可能会回答：“如果你想让我穿干净衣服我就穿，那么我想让你拿出我的颜料，你会不会这样做呢？”如果说这个孩子的要求照我们看来有点离谱——我们可不希望每次要求孩子们做对其有利的事情，我们都要付出一些代价——那么照利奇看来，我们才是不讲道理的人。“不幸的是，”她写道，“父母常常觉得这样做从某种程度上来说是无理取闹。他们有权利告诉孩子们该做什么，却不想承认孩子们也有这样的权利。”

“承认孩子们也有这样的权利”可能会导致真正的家庭失控，这比损害无数父母道德权威的失控更危险。近年来，我认识的每个成年人都目睹了这样的令人震惊的事情：年轻人无人管教或无法管教，不受任何人的约束。人们每天都会从媒体或朋友那里看到或听到这样的故事。有些故事讲述的是那些无法或不愿被管教的孩子。他们无视人们每一次向他们发出的威胁或恳求，肆意扰乱火车旅行、家庭聚会和整个社区。有些故事讲述的是拒绝管教孩子的父母。还有一些故事讲述了父母担心自己的孩子们有一天会出于不满、叛逆或报复的心理伤害他们。数量惊人的此类案例演变成了人们每天在新闻报道中读到的可怕事件。

然而，在通常情况下，失控的威胁往往不容易被人察觉。它往往是非常微妙的，足以避开父母的所有意识。事实上，在这些案例中，父母很可能在不经意间成了孩子们不当行为的同谋。一位朋友最近目睹了下面这一件事：

一个孩子和他的父亲站在一家超市的柜台前。当父亲拿起柜台上的杂货时，这个孩子从收银员的衬衫口袋里抢走了一支笔。收银员要求这个孩子把笔还给他。但是，这个孩子苦苦哀求，说这正是他一直在寻找的那种笔。收银员回答说，他也很喜欢这支笔，他想要回自己的笔。这个孩子哭闹了起来。于是，孩子的父亲主动提出要为收银员再买一支笔，并伸手拿出一支陈列在柜台里的笔。收银员很礼貌地拒绝了，他说他宁可拿回自己的笔。这个时候，这个父亲开始变得咄咄逼人。他指责收银员太自私了，根本不关心这个孩子的感受。后来，父亲不顾孩子的抗议，试图把笔还给收银员。由于对这场闹剧感到十分尴尬，收银员就作出了让步。他不声不响地从这个父亲那里接过了那支替代的笔。

当被告知这件事情时，我感到心神不宁，与其说是因为它悖逆了我对父母标准的假设——我已习惯了这种感受——还不如说是因为它带来了如此强烈的认知冲击。我意识到，我目睹过类似的事情，也听到过其他许多人讲述类似的故事。

我记得我最近参加的一次盛大的感恩节晚宴。这次晚宴邀请了几个家庭，而且事先决定让人们轮流朗读特别语录或祷告词。每个人都是有备而来的。然而，火鸡拒绝合作——烹饪过程非常漫长——孩子们也拒不配合。晚餐前，孩子们小题大做，怨声载道，一个劲儿地抱怨肚子饿，以至于女主人决定省掉任何就餐仪式，把一些食物端上了桌。在晚宴上，几个勇敢的成年人想要说说自己准备的祷告词，结果他们的话被喧闹声淹没了，没有人理睬。孩子们吃完就一哄而散，所以晚餐后也没有希望做任何有意义的事情了。孩子们的不耐烦及其父母的纵容，让组织这场晚宴的初衷被抛诸脑后。当然，这并不是一个孤例。现如今，有多少家庭能够把他们的节假日庆祝活动搞得有声有色呢？

对于今天的家庭来说，普通的节假日是一个令人失望的但却足够温和的转折点。有无数令人担忧的迹象表明，孩子缺乏控制。我见过孩子责备父母为他们服务得不够好或不够快。我见过孩子侮辱、咒骂、吼叫，甚至威胁他们的父母。当我向同事提及这类事情时，没有人觉得这些事情令人瞩目或惊讶。我曾到过一些社区，那里的商店和街道在天黑后就关闭了，因为人们都知道夜间是“属于”年轻人的。这些地方的父母可能压根儿就不知道，更不用说能说出他们的孩子白天或晚上在哪里。在这些地方，我认识一些成年人，他们不敢直视年轻人的眼睛，担心这会被他们认为不尊重他们。

有些人认为，当前的社会力量破坏了育儿方式——在社区解体和精神空虚的环境中不可能成为好父母。他们这样想是有一些正当理由的。当人们周围的文化发出的只是一片杂乱无章的、具有危害性的信号时，父母怎么能给孩子们指引方向呢？正如社会学家阿米泰·埃齐奥尼所写：

> 许多父母指出，他们在教育孩子明辨是非方面存在很大的困难。他们提醒我们，他们正在与一种向其孩子传递大量不良信息的文化作斗争……一个尊重孩子的社区会让

父母的育儿体验变得更少有负重感，更加有成就感。

当然，也有人认为，当前艰难的社会环境本身是由父母未能维持稳固的家庭和为年轻人提供指导而引发的或加剧的。与此同时，父母被一种令人困惑的文化伦理所误导，这种文化伦理破坏了他们的权威，阻碍了他们向孩子提供健全的指令。今天专家们给出的过于“以儿童为中心”的建议，让父母和孩子们都感到士气特别低落。最近有报道援引一位给在育儿方面有困惑的母亲提供咨询的心理学家的话说：“目前，好母亲的标准……是令人敬畏的、自我否定的、难以捉摸的、变化多端的和自相矛盾的……最终的结果让很多母亲感到疲惫、困惑，充满负罪感。”她接着说，“斯波克和利奇开出了一种不可能实现的育儿方式——母亲应该始终保持移情和纵容……（母亲）应该整天守在那里留心孩子们的一言一行。”

当然，文化的衰落和家庭的混乱最终会相互推波助澜。如果我们要为养育孩子创造一个更健康的环境，这两种趋势都必须得到扭转。好的育儿方式不需要等待整个社会的变革。就像历史上任何时代的社会一样，在当今社会的每一个角落，总会有一些父母抗拒文化潮流，建立自己的美好家庭。即使在最艰难和最堕落的环境中，好的育儿方式也是可能的。至于经济上的赤贫，我们根本没有理由相信，它本身破坏了出现好的育儿方式的可能性。在大萧条时期，有许多苦苦挣扎的父母维持了稳固的家庭，他们抚养的孩子也达到了最高的标准。移民大潮时期的许多家庭同样如此。他们来到美国，除了身上穿的衣服之外，别无长物，却成功养大了自己的孩子。

养育的目标

在本书中，我把重点放在了最令人担忧的趋势上，但重要的是，我们也不要忽视许多希望的灯塔。在每个社区，无论关系多么疏远或情况多么混乱，都有父母在创建模范的家庭，他们勇敢地与逆境抗争，他们这些人正在逐渐成为主流。即使在我们最混乱的社区，也有父母成功地帮助其孩子获得了最高水平的能力和品格。他们指导自己和家人朝着永恒的信念和目标前进。他们用过去的时代中行之有效的，如今也仍然奏效的方法养育子女。

这些父母的育儿方法是我在第 7 章中概述的社会化原则的典范。在那一章中，我非常宽泛地概述了社会化原则，重点关注了标准和技能通常是如何在几代人之间传递的。在本章中，我将展示这些一般性的社会化原则如何应用于当今世界的育儿实践中。首先，我会把这些原则与最近一些让人增长见识的成功育儿模式联系起来。通过这种联系，我们可以发现在当今社会什么样的育儿方式将能够促进孩子的智力和道德发展。

正如我在第 7 章中阐明的，社会化需要牢牢抓住双重目标：孩子们的目标和成年人的目标。在任何互动交流中，孩子和父母的目标都是错综复杂的。孩子们的目标可能包括玩耍，获得想要的东西，寻求关爱，或者努力学习一些东西。成年人的目标可能包括与孩子开心地玩乐，给孩子们关爱，或者完成与孩子无关的事情。但成年人的目标很可能包括一个额外的组成部分：将孩子尚不具备的技能或标准传授给他们。要做到这一点，成年人必须与孩子具有一些相同的目标，同时引导孩子们获得新的技能和标准——这构成了成年人为孩子设定的社会化议程。只有关注上述双重目标，成年人才能促进孩子的能力和品格发生持久的、积极的变化。

正是对双重目标的关注，使得成功的父母能够了解到自己孩子的兴趣，同时用其标准来指导孩子。很多成年人觉得难以保持对双重目标的关注。这一困难是我在第 5 章中提到的以儿童为中心的失衡和以成年人为中心的失衡的症结所在。现在，有些父母发现自己更容易迷失在孩子眼前的目标中；有些父母则发现自己更容易完全忽视孩子的观点，要求他们服从僵化的、难以理解的指令。然而，永久的、富有建设性的影响取决于孩子的观点和成年人的观点之间的动态互动。

正因如此，权威型育儿方式有助于孩子们发展研究人员所谓的“应用性能力”和“个人和社会责任”——我将这些美德缩写为能力和品格。也正因如此，专制型和骄纵型育儿方式均会让孩子对这样的发展毫无准备。这两种育儿方式同样都宣告失败，但却具有不同的原因。在专制型育儿方式中，孩子无法为父母强加的规则找到根据（有时候，他们甚至都找不到规则，因为专制型指令往往会随着父母一时的兴致而发生变化）。骄纵型的育儿方式，从一开始就没有明确的外部标准，让孩子在无尽的冲动迷雾中毫无方向地漂泊着。在这两种育儿方式中，孩子们最终都没有得到教育和指导。

权威型育儿方式能够在其他育儿方式失败的地方发挥作用，因为它能够在成年人与孩子们之间搭建一座沟通的桥梁，同时引导孩子学习成年人的标准和技能。类似的原则也存在于我所阐述的其他有效的社会化规则背后，例如“相互尊重地交流互动”。这些方法的共同特点是，它们都强调沟通和掌控，都强调尊重孩子的观点和遵守成年人的标准。

在分析当代育儿模式时，心理学家西奥多·迪克斯（Theodore

Dix）发现父母有三大类目标：移情目标、社会化目标和自我目标。以移情为目标的父母关注孩子们的感受。移情目标包括努力让孩子感到快乐，在孩子们痛苦时给予安慰，减轻孩子们的痛苦或饥饿，等等。正如迪克斯所描述的那样，移情目标“旨在实现孩子想要的结果”。社会化目标面向孩子的学习和发展。这些目标包括帮助孩子获得重要的知识和能力，鼓励孩子发展亲社会的倾向，并要求孩子遏制他们可能具有的任何反社会倾向。迪克斯写道，社会化目标“有益于孩子，但不一定能取悦他们”。自我目标面向父母自己的需要和愿望。这些目标包括让孩子们按时上床睡觉，这样父母就有时间看书，或者带孩子们一起去购物，这样父母就可以给自己买一些衣服。自我目标旨在让父母受益。在与孩子的交流互动中，父母可能会选择某一类目标，也可能会以不同的方式将几类不同目标结合起来。

当父母一味地追求移情目标或自我目标时，孩子们的社会化过程就会受到影响。如果在亲子关系中孩子的感受或父母的意愿排在第一位，那么我在第5章中阐述的那种失衡就会出现。只顾孩子的感受会纵容他们的任性和自私自利，阻碍他们发展自我控制和尊重他人的能力。只顾父母的意愿则会形成一种疏离的亲子关系，最终让孩子变得愤世嫉俗，感觉自己一无是处。

一些父母声称（或许是自以为）他们的首要目标是自己的

孩子，但实际上他们是在迂回曲折地片面追求自己的目标。这样的父母完全认同自己的孩子，非常关心他们的一举一动。他们可能是把孩子看成了自己的影像，他们以孩子的成就为荣，并否认、捍卫或原谅孩子的失误。或者，他们可能会自私地把自己的兴趣和孩子的兴趣叠加在一起——例如毫无节制或顾忌地贪婪追求物质财富的父母，他们这样做是因为他们认为自己的孩子“需要”一切最好的东西。像这样的养育方式，口口声声说是为了孩子的福祉，实际上只不过是一种间接的利己主义。在父母以自我为中心的欲望中，孩子们的真实需求，尤其是对指导、管教和社会化的需求被置之不顾。对这些孩子来说，父母与其自以为是、不真诚地宣称完全是为了孩子，还不如实事求是地宣称是为了实现自己的欲望，因为这样做不会令人感到困惑，也显得更高尚一些。

在亲子关系中，移情目标或自我目标还可能通过其他多种方式从社会化目标中分离出来。正如我在本书第二部分中指出的，现代文化信念让父母把注意力转移到了孩子的内心意愿和感受中来。父母被要求不要用严酷的现实或令人不安的要求来干扰孩子们的“魔法岁月”。而且，正如我在第 4 章中所阐述的，近年来，人们开始普遍担心孩子们的自尊，以至有时候都不再担心他们的技能和价值观。父母无时无刻不感觉，所有这些负面的体验如感觉糟糕、没有乐趣、遭受挫折、忍受艰难困苦等，都可能永久性地伤害孩子的自尊，除非这些负面的感受能够迅速被消除。而在现代社会中，许多父母根本没有时间或意愿去关心孩子的感受。这些父母的生活充满了压力、焦虑或自我关注，以至于他们根本无暇顾及除实现自己目标之外的任何事情。

在任何一种情况下——偏向于移情目标或偏向于自我目标——父母仍然很可能关注孩子的社会化目标。几乎所有的父母都关注这个目标。然而，在移情目标或自我目标占统治地位的亲子关系中，社会化目标从亲子关系的大多数日常交流活动中消失了。相反，这些交流活动只关注孩子或父母的直接意愿，而忽视了孩子的发展需求。父母仍然担心孩子的社会化，但他们表达这种担心的方式却具有破坏性，他们表达这种担心的背景对于孩子们既没有吸引力，也没有教育意义。

父母可能会听到邻居抱怨孩子不守规矩的行为，或看到老师反映孩子缺乏良好学习习惯的报告。在这样的时刻，父母所能做的就是(大声或小声)表示对孩子令人失望的行为感到担忧。父母缺乏有用的背景信息将这样的抱怨与教育活动联系起来，从而帮助孩子获得更好的表现。当然，这样的情形在父母和孩子的日常交流活动中都能发现。但是，如果这样的交流活动继续被孩子的直接感受或父母的直接意愿所统治，那么它们将无法服务于帮助孩子社会化的长期考量。

当与社会化目标脱节时，父母的移情目标和自我目标可能都会有问题，但如果运用得当，它们都可能对孩子的社会化作出重要贡献。父母的移情目标可以打开父母和孩子之间的宝贵的交流渠道。父母的自我目标，当被精心调节到与其整体的育儿使命保持一致时，可以帮助孩子远离纯粹的自我中心主义，转向关心他人的需要。

在他描述的所谓“代表孩子养育孩子”的过程中，迪克斯展示了父母的移情目标如何被用来为沟通和社会化服务。从迪克斯的分析中，我们可以看到作为社会化核心的桥梁搭建过程的关键要素。移情目标会让父母密切关注孩子的思想和情感表达。父母会认真倾听孩子的想法，观察孩子对事情的反应，并积极回应孩子的要求。这并不是说父母可以对孩子言听计从，而是说父母要表现出关心和积极反应。在这种积极反应的鼓励下，孩子学会了与父母进行自由和公开的交谈。孩子们还感觉到了父母与他们具有共同的目标——这是我所描述的桥梁搭建过程中必不可少的第一步。与此同时，孩子变得越来越愿意接受父母的考虑，这个考虑有望包括帮助孩子社会化的最终目标。

用迪克斯的话说，父母的移情目标在五个方面促进了孩子们的社会化：（1）它增强了孩子们对亲子关系的信任，从而提高了孩子对父母意见的接受度。（2）它减少了父母和孩子之间发生冲突的可能性，从而防止了他们之间的沟通受到影响。（3）它鼓励了孩子发展社交和沟通技巧，从而能使他们从人际关系中获益。（4）它增强了孩子的能力和控制意识，因为父母和孩子在一起往往能够实现共同的、孩子无法独自完成的目标。（5）它支持了孩子通过有吸引力的、社会化的追求来获得技能和标准。

最后这一点特别重要，因为它触及了移情目标和社会化目标之间最自然的联系。正如我在第 7 章中指出的，孩子们会自然而然地寻求发展能力和品格。这是他们日常目标的基本组成部分（尽管不是全部）。社会化并不完全来自外部：在许多方面，孩子渴望的技能和标准与父母希望传授给他们的完全相同。当然，孩子经常需要支持和指导才能明白这一点，因为他们有时候可能并不理解父母的苛刻要求或命令有何意义。尽管如此，如果认为社会化是父母违背孩子的意愿强加给他们的外部要求，那就大错特错了。当父母真正设身处地地看待孩子的目标时，他们就会明白，孩子们不仅追求眼前的快乐，也追求长远的发展。孩子们会被那些能够提高他们能力的活动所吸引。他们会寻找可以学习和发展运动、艺术、社交以及学业技能的机会。许多成年人可能并不知道，孩子的很大一部分智力和道德发展是在他们与同龄人玩耍的过程中实现的。父母很有必要支持这种同龄人之间的社会化活动。仅凭这一点，父母的移情对于有效的社会化就必不可少。

然而，仅有移情是不够的。我在前面已经指出了以儿童为中心的失衡的风险，这种失衡可能伴随思想守旧的父母的移情，即理解孩子表达的所有快乐或不适。迪克斯也很清楚这种风险。他写道：

> 有必要强调的是，尽管移情关怀通常会让孩子们受益，但情况并不总是如此。如果父母对孩子们言听计从，那么他们的育儿方式将是目光短浅的、放任自流的。父母把孩子的琐碎需求置于自己的重要需求之上，这样做会损害他们自己的福利，因而也会间接地损害孩子的福利。此外，要让分享、帮助和其他亲社会行为社会化，父母必须强调规则，要求孩子按照他们可能并不想遵从的方式行事。

只有当父母将他们的移情目标与其他目标结合起来时，他们才能帮助孩子社会化。即使其他目标仅仅源于父母自己的需要，情况也是如此。父母在生活中除了养育子女之外还有其他的追求——工作、娱乐、教育、友谊，等等。父母将这些追求坦率地告诉孩子，并不会伤害他们的自尊。当父母坦率地向孩子表明自己的需要时，反而会让孩子产生自尊和对亲子关系的信任。因为父母这样做尊重了孩子，把他们当成了能够理解，甚或能够帮助满足父母需要的人。

当父母公开表达自我目标时，还能够让孩子走出自己的小天地。这样的公开表示给孩子传达了一个信息，即世界上还有其他人的需要必须与他们的需要一道考虑。也许令人难以置信的是，如今的许多孩子并没有意识到这一点，而他们本该意识到这一点的。父母言明自己的需求也可以唤起孩子们的合作、帮助和服务意识，有助于培养孩子的社会责任感。同样重要的是，坦言自己的需求是诚实的做法。相对而言，当父母试图掩饰自己的目标，宣称他们所做的一切完全都是为了孩子的利益着想时，孩子最终会识破这些伪装。他们将会认为这样的说法既不真诚，又显得居高临下。

当父母把移情目标与社会化目标结合起来时，对于孩子的发展具有更直接的影响。这样做可以让父母对孩子的智力和道德发展产生持久的影响。不幸的是，这也是父母最近感到最焦虑和困惑的地方。有很多父母陷入了我在本书第二部分中阐述的错误对立的一个极端或另一个极端。还有很多父母被当代文化中有关孩子的主要观念的严重失衡搞得不知所措。

没有什么比管教这个热门话题更令人感到困惑的了。在这方面，移情目标和社会化目标的整合对孩子的长期发展最为关键。在这方面，许多孩子对健全的育儿方式的需求最迫切。管教是社会化的核心，是社会化最不可或缺的组成部分之一。在管教问题上，如今的公开辩论一塌糊涂。在我们的育儿图书和手册中，争议已经取代了常识。教条主义和对立思维取代了对孩子发展需求的清晰理解。我认为，这是我在第一部分中描述的当今青少年士气低落的一个主要原因。

为了举例说明这种困惑，让我们来看看托马斯·戈登（Thomas Gordon）的极具影响力的著作。戈登是“父母效能训练”计划的创始人，也是一家向全球无数父母提供建议的公司的总裁。我的目的不是要抨击戈登博士，也不是要对“父母效能训练”计划拥护的一切东西提出异议。正如我将在下面指出的，我发现“父母效能训练”的一些原则非常有用，也非常重要。但在管教这个关键问题上，戈登的著作出现了许多错误的概念和对立。在今天的父母努力培养有能力和责任感的孩子的过程中，同样的错误概念和对立一直在误导他们。

戈登的建议是，孩子应该学习自律，而不是服从外部控制。他写道，父母应该努力影响孩子，而不是试图控制他们。在描述育儿方式时，戈登将这些概念一一对立起来：严厉的惩罚和理性的说服；“他人强加的管教”和“自我强加的纪律”；专制式的亲子关系和参与式的亲子关系；独裁主义和放任主义。正如我在本书中所阐明的那样，这些都是错误的对立。权威型的育儿方式、引导式的参与和相互尊重的互动交流都是平衡的社会化方法，其有效性源于避免了上述各种两极分化。相比之下，戈登片面的解决方案无法提供所有孩子都需要的可持续的、一致的指导。

戈登在谈到育儿时写道：“……大多数成年人都步入了误区：他们不是仅仅努力影响孩子，而是强加限制、发号施令、给予惩罚，或威胁要惩罚。这些控制型方法实际上无法影响青少年：它们只是强迫孩子们服从。”戈登的假设是，外部的强制与那种使孩子获得标准的长期而积极的影响始终是水火不容的。正如我将在下面阐明的，这种假设悖逆了最好的心理学证据。对于那些试图控制孩子们的成年人，戈登写道：“我敢肯定，大多数控制者都觉得他们知道什么对孩子最好，因为他们年纪更大。”这种语气表明，他怀疑成年人对孩子的权威是合理的。然而，父母确实更明智、更有经验、更训练有素。一般来说，在谈到他们的孩子时，他们确实知道得最清楚。孩子需要这种更高的智慧提供的指导，尽管这可能不符合他们一时的意愿。

戈登写道：“管教对孩子的健康和福祉是有害的……我们

的当务之急是找到和传授依靠权威和权力育儿的替代方法。”毫无疑问，他是在反对我在第 5 章中阐述以成年人为中心的失衡时描述的那种专制的、严酷惩罚甚或虐待的做法。戈登对这种做法的反感是可以理解的。但是，他提出的以儿童为中心的替代方案本身也同样是失衡的。戈登自己的片面立场让他得出了一些令人震惊的结论。戈登声称，“孩子们并不会真的胡作非为”，而且他还暗示，如果成年人察觉到孩子的不良行为，那么他们可能因此“发现孩子们需要什么”，然后“改变环境”以更好地满足孩子的兴趣。在一段非常引人注目的文字中，戈登驳斥了过度满足孩子的欲望可能会宠坏他们的“传说”。所有这些话听起来像是为了培养任性的、叛逆的和自私自利的孩子；但戈登并不觉得这有什么危险。也许不足为奇的是，戈登更多的是关注孩子的自尊以及管教可能会对自尊造成的伤害。

戈登及其创办的父母培训课程中的其他工作人员反对严厉和任意的惩罚，这一点肯定是正确的。正如我所指出的，专制（而不是权威）的育儿方式在培养良好的价值观和习惯方面并不比骄纵的育儿方式更有效。但是，拒绝对孩子的行为进行任何形式的外部控制，这是不对的。在社会化过程中，除了自律，孩子有时候还需要更多的引导。在这种情况下，父母的选择不能局限于严厉的惩罚，或简单地与孩子讲道理。用严格的管教和理智来养育孩子，在家庭指令中把控制和沟通有机结合起来，这是可能的，也是明智的。这就是我在本章和前一章中描述的权威式育儿、相互尊重地交流互动和引导式的参与等社会化方法。

管教的策略

孩子们自发自愿的兴趣是促使他们茁壮成长的基础，但这些兴趣本身并不足以塑造他们的能力和品格。在整个发展过程中，孩子确实需要含有适当管教和控制的外部指导，并从中受益。实验儿童心理学的大量研究证实了这一点。特别是对三种父母管教策略——权力压制、爱的撤回和诱导——进行比较和对比的研究，为我们提供了有价值的证据，证明了在育儿过程中综合运用沟通和控制的重要性。

典型的专制管教策略是权力压制。这种方法包括当孩子拒绝服从父母的意愿时，父母采取强制手段以及威胁要惩罚他们。通常而言，父母会使用彻头彻尾的权力压制，以及对拒不服从的行为进行严厉的惩罚，迫使孩子采取新的态度和行为。这在短期内可能很有效果，特别是当成年人在现场实施制裁的时候。

但实验证据表明，权力压制不会形成持久的、可靠的习惯或信念。首先，当父母不在时，它的有效性就会消失。此外，过多的权力压制可能会对孩子的行为产生意想不到的副作用，甚至是反作用。这一点最明显的例证来自“被禁止的玩具”实验，几位研究人员曾用该实验来检验孩子对成年人指令的反应。

在“被禁止的玩具”实验中，一些孩子被告知，如果他们玩他们想要（但却被禁止）的玩具，他们将受到轻微的惩罚，而另一些孩子则被告知，他们这样做将会受到严厉的惩罚。两组孩子中的任何一组都不会立即开始玩玩具，这当然是因为做实验的成年人就在那里。但后来，当孩子们回到实验室，发现成年人不在现场时，那些被警告有严重惩罚的孩子却很可能会开始玩玩具，而被警告只有轻微惩罚的孩子通常会看低玩具的价值，拒绝玩玩具。同样，人们观察到，父母警告要给予的惩罚的严重程度并不决定孩子遵守其指令的程度。总之，过于强大的权力压制可能会阻碍成年人对孩子态度和行为的长期影响。

一种更微妙、更间接的管教策略是爱的撤回。父母通过各种方式含蓄地威胁要收回他们给予孩子的爱：直接表示不赞成（“如果你那样做，我就不喜欢你了！”），情感上的冷淡，或表示失望和不感兴趣，比如当孩子不听话的时候，在很长一段时间内对其不理不睬。对当代育儿实践的观察结果表明，许多父母使用爱的撤回来回应孩子的各种不当行为，包括伤害他人、损坏财产和丧失自控力时。事实上，爱的撤回是一种比权力压制更有效的立即获得孩子们服从的策略。然而，尽管爱的撤回可以起到立竿见影的作用，但它不能实现主要的社会化目标：影响孩子，让他们采取更好的态度和行为。没有证据表明爱的撤回会导致习惯或信念的内化。相反，爱的撤回只会给孩子的公开行为带来有限的改变。这可能会增加孩子“演一场好戏”的可能性，并抑制他们失礼或叛逆的倾向。但这并不会促使孩子采用永久性的新标准，并自觉地维护这些新标准。

第三种管教策略在发展心理学家马丁·霍夫曼（Martin Hoffman）的著作中被确定为信息内化，或者更直白地说，诱导。根据霍夫曼的观察，诱导孩子将父母指令中的关键信息内化的管教方法，是最成功的永久性改变孩子态度和行为的方法。这类方法之所以成功，是因为它们可以引导孩子理解并接受父母试图传达的标准，而不是只关注父母为推行这些标准而采取的惩罚手段。霍夫曼写道，父母的影响活动要有效果，就必须确保其最吸引孩子眼球的是父母试图培养的态度或行为，而不是孩子们因拒绝服从而受到的惩罚。在最有成效的这类活动中，孩子最终可能会完全忘记惩罚。事实上，孩子甚至最终可能会忘记父母在推行标准方面的作用：孩子会全心全意地拥护标准，以至于标准的源头变得无关紧要。然而，这并不意味着标准的源头对于孩子发展是无关紧要的。如果没有父母介绍标准和进行诱导，孩子可能永远无法接受它。

与权力压制或爱的撤回不同，诱导促进了道德习惯和标准的永久内化。在父母和孩子之间的典型管教活动中，我们可以最清楚地看到这一点。在这样的诱导活动之前，孩子出现了不当的行为。父母可能会阻止孩子们的行为，也可能会在事后惩罚孩子们。不管怎样，孩子们都不太可能当着父母重复这种不受欢迎的行为。但是，当父母不在身边时，孩子们会继续克制自己不做出这种行为吗？这取决于父母实施的管教策略。如果一种管教方法要促进道德内化，它就必须用推理和解释来诱导孩子们预见到这种行为对他人的影响。

这种诱导可以采取多种形式，它取决于具体的情况和孩子们的年龄。例如，对一个非常年幼的孩子的诱导会强调其行为的直接影响："如果你一直推他，他就会跌倒并哭起来的。"对于一个年龄稍大的孩子，父母可能会根据他人的行为和意图，把重点放在孩子行为的公平性上："不要对他大喊大叫，他只是想要帮忙。"或者，父母可以指出孩子行为造成的心理影响，而不是身体影响："他感觉很伤心，因为他本来对自己搭建的塔楼感到很自豪，而你却推倒了它。"诱导培养了孩子对他人的关心，并向孩子表明了他的行为如何对别人产生不好的影响。这些信息帮助了孩子更好地理解人际因果关系（也就是说，孩子自己的行为与另一个人的身心健康之间的关系）；尽管如上所述，孩子的年龄大小对于他们能够接受的诱导信息的类型有一定的限制。

即使是通过诱导传递的信息也不能独自促使孩子社会化。这是因为要实现社会化，孩子们就有必要关注各种信息，而仅靠诱导并不足以激发持续的注意力。霍夫曼认为，要让诱导信息有效地影响孩子，就必须让孩子处于“最佳激励状态”。这可以通过将诱导与适度的权力压制或爱的撤回相结合来实现。换句话说，诱导的管教方法通过父母温和的警告、反对、失望或其他轻微的惩罚方式，传达了关于他人福祉的信息。如果没有惩罚，孩子将不会受到足够的激励，并开始认真地对待诱导信息；而如果惩罚或爱的撤回过于严厉，孩子受到的激励就会过猛，从而分散对诱导信息的注意力。

诱导孩子接受更好的习惯和标准是心理学家传统上称为“态度变化”的过程。心理学研究文献区分了态度变化的两个主要过程：服从和内化。服从意味着改变一个人目前的行为，以使之符合外部规定的标准。内化意味着自觉地践行这些标准，无论是现在还是将来。

最小充分性原则

一些社会心理学家声称，服从和内化是在不同的条件下促成的。他们断言，有形的奖惩会促进服从，而说服、争辩和推理则会促进内化。今天，许多为父母提供育儿建议的受人追捧的专家都接受了这样的理论主张，即将服从与内化对立起来，并建议父母只以后者为目标。就像托马斯·戈登及其“父母效能训练”计划一样，这些专家中的许多人认为，内化比服从更有可能促使孩子们改善他们的行为。

但对孩子的实证研究表明，孩子行为的长期改善是一个比这更复杂的过程。把内化和服从对立起来的主要问题在于，如果没有最初的服从行为，内化本身通常不可能发生。

在社会心理学家马克·莱珀（Mark Lepper）及其同事们进行的一系列精心设计的研究中，他们对此进行了实验演示。莱珀和他的同事们安排了两组实验来研究孩子内化标准的条件。第一组实验是上面提到的“被禁止的玩具”实验的变体。在这组实验中，莱珀遵循了通常的流程，通过威胁来禁止孩子玩对他们有吸引力的玩具，他对其中一些孩子使用了轻微的威胁，对另一些孩子则使用了严重的威胁。他重复了先前的研究结果，即处于轻度威胁状态的孩子在接下来的一段时间里对玩具的兴趣较小。他还发现，在一个全新的环境中，这些孩子比那些受到严重威胁的孩子更有可能抵制诱惑。莱珀的结论是："一般来说，在较小的外部压力下产生的服从，似乎增加了随后的内化，即从心里接受成年人最初的要求中隐含的标准；在更大的外部压力下产生的服从，似乎减少了后来的内化。"

除了威胁和禁令，研究人员还发现，给予孩子的积极奖励与其继续活动模式的可能性之间存在类似的关系。在他们的第二组实验中，莱珀和他的同事们要求孩子们在一段时间内玩魔法记号笔。莱珀知道这些孩子对魔法记号笔很感兴趣，因为他和他的同事通过悄悄观察确定了这些孩子明显喜欢玩魔法记号笔，并让他们参与研究。在实验中，孩子们被分为三组，每组面对不同的奖励情况。其中一组孩子被告知，只要使用魔法记号笔，他们就可以获得一张有吸引力的"好队友"证书，而且他们会在实验结束时拿到证书。另一组孩子则什么也没被告知，但他们在实验结束时意外地获得了证书。第三组孩子只是被简单地要求使用魔法记号笔，但没有任何奖励，无论是预期的奖励还是意外的奖励。几周后，这三组孩子都再次获得了玩魔法记号笔的机会，但这一次他们没有被明确告知要玩魔法记号笔。此前没有因为玩魔法记号笔而获得奖励的孩子——第三组孩子——对再次使用魔法记号笔表现出了最浓厚的兴趣。莱珀的结论是："使用不必要的、明显的外在激励，损害了孩子们对活动本身的内在兴趣。"

为了解释他的研究成果，莱珀提出了所谓的"最小充分性"社会化原则。该原则指出，永久改善孩子行为的最有效方法是恰到好处地应用强制或奖励措施，这样的强制或奖励措施要既能够让孩子参与新的活动，又不至于让他们觉得这是新活动中最难忘的部分。换句话说，成年人提供的外部激励必须足以改变孩子的行为，而且不会比成年人试图推广的标准更引人注目。在这种情况下，孩子的态度和行为将会永久改变，因为孩子将会内化新的标准。莱珀用他的最小充分性原则解释了迪亚拉·鲍姆林德（Diara Baumrind）、马丁·霍夫曼等人之前的社会化研究结果。例如，莱珀将迪亚拉·鲍姆林德区分的专制型父母和权威型父母重新定义为使用过度强制手段的父母和将最小充分性原则与推理和争辩相结合的父母。后一类父母——权威型父母——为其孩子内化社会标准创造了最佳条件。正因如此，父母使用权威方法的孩子很快就会主动表现出对社会负责任的行为。相比之下，专制型父母会促使孩子们顺从，而不是发生永久性的态度改变。骄纵型父母在一开始就无法给其孩子提供改变其行为所需的最低限度的强迫或奖励。

最小充分性原则解释了微妙的社会化影响方法的长期有效

性，特别是当这些方法与权力压制和爱的撤回等更严厉的方法相比较时。这一原则意味着，如果父母想要孩子内化这些行为标准，他们就必须鼓励孩子关注他们传达的行为标准。父母的一些行为，例如过于严厉的惩罚，将会让孩子的注意力从标准本身移开，从而不可避免地与内化的过程背道而驰。根据这一原则，成功的关键依赖于对孩子并不是特别明显的管教策略，来引导他们按照父母期望的标准行事。这样一来，孩子就会把注意力放到这些标准本身以及它们背后的原因上，并最终将这些标准纳入到他们自己的态度体系中。

通过诱导、最小充分性原则以及权威型育儿实现的信息内化，都是互动的社会化方式。在其中每一种策略中，对孩子行为的长期影响都是通过一致的、合理的家庭控制措施以及父母向孩子清楚传达这些控制措施背后的道德意义的沟通活动来实现的。这些控制措施在道理上必须是令人信服的，但它们在情感上只应具有温和的刺激作用。沟通必须适应孩子认知能力的发展，只有这样他们才能理解父母传达的具有道德意义的信息。

过度的表扬

父母在家里管教孩子，不仅要惩罚不受欢迎的行为，而且还要奖励良好的行为。父母总有许多物质性的奖励可供他们支配，但最有效的、最普遍的奖励是表扬。父母对表扬的使用和对惩罚的使用同样对其管教策略至关重要。表扬既可以用来控制孩子们的行为，也可以用来传达标准和其他道德信息。与其他所有形式的管教一样，表扬在运用得当的时候最富有成效。过度地、不一致地或任意地使用它，可能会适得其反。

表扬和惩罚有许多相同的原则，包括最小充分性原则。回想一下，被禁止的玩具实验被用来测试孩子们对表扬（“好队友”证书）以及对惩罚的反应。在这两种情况下，实验的结论都是相同的。表扬可以起到鼓励孩子良好行为的作用，就像惩罚可以控制他们不受欢迎的行为一样；但从长远来看，如果它们过于突兀，以至于掩盖了它们想要传达的信息，那么表扬和惩罚都不会有效。与惩罚一样，表扬也应该根据孩子的行为进行调节。只要有可能，父母就应该在表扬孩子的基础上清楚地传达表扬的原因。

这可能有悖于当前流行的一些时髦口号（我经常在汽车保险杠上看到两种贴纸，上面分别写着“每天表扬你的孩子”和

“持续不断的表扬才能让孩子茁壮成长”）。事实上，表扬确实可以让孩子们茁壮成长，但是一味地拥护表扬或抑制表扬的做法都是不妥当的。我们必须认识到，持续不断的表扬并不是养育的普遍价值观。事实上，世界上许多传统文化中的父母比现代西方文化中的父母更少表扬自己的孩子。人类学家已经发现，在这样的文化中，父母期望孩子表现良好，帮助父母，并尽最大努力获得有用的技能。由于父母预期孩子们作出这样的努力，因此他们不会特意表扬孩子（然而，当这样的期望落空时，来自这些文化的父母就会惩罚孩子）。根据人类学研究报告，生活在这类环境下的孩子不会因为缺乏表扬而萎靡不振。这些孩子的早期社会行为与现代西方孩子之间有一些差异，但是这些差异并不一定就表明西方的育儿方式更好。例如，在父母不表扬良好行为的文化中，孩子不太可能会“炫耀自己”或大胆寻求关注。但他们表现出了更少的利己主义，更强的为家庭共同利益作贡献的责任感。

事实上，一些向父母提供育儿建议的专家已经注意到了过度表扬的危险。例如，托马斯·戈登写道：“获得奖励，特别是表扬，可能会让人上瘾，并可能削弱孩子的动力。”他接着说：

> 我开始相信，表扬作为一种控制孩子的方法被严重高

估了，因为它通常是无效的，而且往往会损害成年人与孩子之间的关系。此外，表扬可能会让孩子形成一些不受欢迎、不好相处的特点。

在这里，戈登准确地观察到，那些经常受到过度表扬的孩子会逐渐把良好行为的主要目的当成是赢得表扬。这样的孩子付出努力是为了得到表扬，而不是为了学习和帮助别人等。这不仅是一种不光彩的意图，而且还扭曲了孩子努力的本质。如果首要的目标是得表扬，孩子就会逐渐习惯于他们行为的公关价值，而不是对他人或自己进步的好处。结果，他们的努力变得空洞，没有信念，最终也就会失去意义。我们不能期望孩子长期坚持这样的努力。在这种情况下，作为父母的影响策略，过度的表扬和严厉的惩罚具有相同的缺点。

但是，这并不意味着表扬和其他形式的外在奖励始终是有害无益的，甚至也不意味着它们在亲子沟通中是完全可以抛弃的。戈登和其他具有类似观念的专家在拒绝外部奖励的原则上摇摆不定。再一次，错误的对立发挥了作用：外在动机与内在动机、父母的控制与父母的影响、表扬与自我激励。与适度的惩罚类似，适度的奖励也可以说服孩子投入到他们以后才会意识到很有价值的努力中。如果没有最初的惩罚或奖励，孩子可能不会独自付出努力，或坚持长时间的努力，以从中获益。正因如此，当孩子承担艰巨或繁重的任务时，父母应该用表扬的方式鼓励他们。即使一个孩子在某些时候可能会对她正在演奏的音乐感到兴奋，但为了鼓励这个孩子忍受早期课程不可避免的单调乏味，父母的诱导仍是不可或缺的。

父母的诱导要变得有价值，就不能喧宾夺主，以至于决定了孩子们努力的全部意义。努力的意义来自别处——学习、服务和艺术之美，等等。诱导并不能创造意义，但可以让孩子的努力得到必要的支持。要做到这一点，父母就必须进行适当的诱导，而且要同时传达这些努力的更高意义。

父母的影响活动——无论是通过管教还是诱导，惩罚还是奖励——本身并不是目的。这种影响活动必须引导孩子获得智力和道德发展。它必须向孩子们传授更好的行为标准、技能或观念。这是必须搭建的沟通桥梁。在所有社会化活动，包括那些通过管教和控制进行的社会化活动中，也同样要搭建这样的沟通桥梁。与父母的控制措施相伴的沟通并不是任意的：它们必须以这样或那样的形式向孩子传达有关品格和能力的愿景。这种愿景是父母和孩子在多年的互动交流中逐渐形成的，它为孩子提供了发展的指导框架。

因为任何指导框架都依赖于特定的品格和能力愿景，父母必须选择引导孩子达到什么目标以及朝什么方向发展。在与孩子们沟通时，父母会强调某些标准：这些标准应该是什么呢？

在《儿童道德》一书中，我认为，我们的社会中有一套指导孩子道德发展的核心标准。尽管不同父母持有的态度和信仰并不相同，但对于父母希望孩子达到的道德标准，我们的文化中有一种宽泛（可能是普遍的）的共识。大多数父母希望培养出诚实、善良、可信赖、有社会责任感、公正和尊重他人的孩子。很少有父母不重视道德品质，如正直、自制、谦虚、移情和诚实。正如我在第 6 章中所阐述的，其中很多道德品质是孩子准备通过他们的先天禀赋来发展的。要让孩子培养这些道德品质，父母持久的指导框架就显得至关重要。这是将孩子早期的道德倾向引向成熟的父母和社会标准的桥梁。

父母以多种方式向孩子传达这样的标准。在本章中，我已经阐明了正确的社会化实践以及适当的管教方法，如何使父母能够清楚而有效地向孩子传达标准，并鼓励孩子对父母介绍的标准持开放和接受的态度。除了社会化实践，亲子关系本身也提供了一种传达父母标准的工具。诚实的亲子关系比任何管教活动都能更清楚地传授诚实的标准。移情的亲子关系比任何训诫或诱导都能更有力地证明移情的价值。孩子与其父母的关系是他们所拥有的最亲密、最持久的人际关系之一。建立关爱的、负责任的、诚实的和公平的亲子关系本身，对孩子就是一种伟大的道德教育。

亲子关系的道德属性超越了父母试图传达的其他所有道德信息。在这里，媒介即信息。伊索在他的寓言故事中说对了，孩子会忽视其母亲说的话，但不会忽视母亲做的事。当亲子关系的道德属性与父母传递的消息一致时，该消息对孩子们来说就是令人信服的。当父母践行正确的社会化实践时，他们就会对孩子的品格产生积极、持久和强大的影响。

第 9 章

学校教育

公立学校面临的压力

几乎每家肩负向年轻人提供指导社会使命的机构，近年来都面临着很大的压力。不久前，家庭、教堂、工厂、工会、当地志愿者协会，甚至城市社区，都被认为是安全可靠的培养年轻人的地方。经济和文化力量改变了所有这一切。即使是那些关爱年轻人的最强大的机构也发现它们的职能和信誉都受到了严重削弱。雪上加霜的是，许多批评者将这些机构的职能丧失归咎于其自身（或目前管理这些机构的人）。

在所有被围攻的青少年服务机构中，公立学校遭受了最猛烈的攻击。压力既来自学校内部，也来自学校外部。从学校内部来看，有的学生辍学，有的学生在老师讲课时装模作样地听讲或面无表情地呆坐着。从学校外部来看，批评家们对老师们嗤之以鼻；抨击那些培训老师的人；抨击“臃肿的”教育官僚机构；抨击“冥顽不灵的”老师工会；通常还抨击那些经常与公立学校打交道的专家。

有人通过他们的行动或论点建议，我们的社会应该完全放弃公立学校。他们认为公立学校是不良价值观的滋生之地，让他们欢欣鼓舞的是，目前美国有100多万父母在家里教育他们的孩子。还有一些父母已经转向了私立学校，这类学校的使命是给极少数学生提供精英教育。在过去的10年里，把孩子们送到私立学校上学的家庭比例逐年稳步上升，只有1992年例外，当年这个比例下降了0.5个百分点。

公立学校的批评者们发现，学校教育有许多缺点值得谴责——这些缺点导致，或者至少未能解决学生学习成绩平庸和心不在焉的问题。一些批评家指出，学校官员的标准太低；教学内容“太零散”，相互脱节；以及传统的课堂教学方式导致学生们被动参与、无精打采。另一些批评家则谴责课程一味地强调毫无意义的事实，而不是真正的技能和理解——结果导致学生倾向于死记硬背而不是思考。还有一些人谴责评估学生潜力的无效而武断的评估流程——教育者根据这些流程做出关于学生未来生活的重大决定。事实上，我们主流的学校教育方式的缺点已被暴露无遗，以致公立学校机构眼看快要名誉扫地了。

一股迅速兴起的放弃公立学校的热潮，吸引企业家开始了一种新的美国商业类型：营利性学校。只要成年人尝试对孩子进行集体教育，就会有非营利性的、独立的教区附属学校，其中有很多学校颇负盛名。试图在教育孩子方面谋取利益则是最近的一个转折点。这充分说明了我们的社会放弃公立学校教育的意愿。在 1992 年，一家被特许创办营利性私立学校的企业大张旗鼓地成立了。显而易见，这是一个看起来非常有发展前景的机会，连耶鲁大学的校长都辞去自己的公职，加入了进来。媒体对私立学校报道的浓厚兴趣以及一些公民领袖的大力支持，表明了公立学校在美国国人眼中的受尊敬程度已经下降到了什么地步。这样的转折性事件可能会震惊理想主义时代的霍勒斯·曼斯（Horace Manns）、詹姆斯·科南特（James Conants）和阿德米罗·里科弗（Admiral Rickovers）。这也表明了我们为所有儿童提供健康育儿环境的意愿在近些年出现了多大程度的恶化。昔日受人尊敬的公立学校，曾在建立富裕的、统一的“移民大熔炉”国家的过程中发挥过重要作用，现在却要与追逐利润的私人学校展开竞争。

但是，营利性学校首要目标是为股东赚钱，无法像致力于教育一个国家所有青少年的机构一样履行相同的使命。《巴伦周刊》（*Barron's*）最近发表的一篇社论让人们得以窥见“营利学校”运动的危险性，通常来说，这本杂志是不会质疑新的创业型企业的。这篇文章讨论了明尼苏达州一家管理营利学校的公司——“教育替代方案公司”（Education Alternatives）——成立8年以来的运营方式。教育替代方案公司是尝试《巴伦周刊》所谓的“资本主义教育”的规模较大、资金较充裕的公司之一。该公司已向公众出售了数百万美元的股票，它声称拥有管理学校的“一套独特的办法”。“它没有明确说明它的这套办法是什么，但掌握教育术语肯定是其中之一。”《巴伦周刊》的这篇社论写道。事实上，这篇文章接着声称：“教育替代方案公司在发行股票方面的办法比它的其他任何办法都更有效。”《巴伦周刊》报道称，虽然教育替代方案公司的教育方法是否有效尚存在很大的争议，但是它的高管出售了足够多的股份，为他们自己挣得了120万美元利润。在这种赚钱的机会主义大行其道的时候，我们城市的许多公立学校却面临着资金严重短缺的窘境，一些敬业的老师甚至不得不动用自己微薄的工资，为他们的学生购买用于特定教育项目的基本教学材料。在美国历史上还有其他时期发生这样的怪事而不会激起公愤吗？这只是我们关怀儿童福祉的本能变得麻木的又一个迹象。

良好的学校教育对每个孩子的重要性

至少在一个世纪的时间内，公立学校在全世界的社会繁荣发展过程中发挥了核心的作用。它们使数百万孩子从贫穷的、希望渺茫的环境中崛起，过上了成功和充实的生活。在美国，公立学校让“芸芸众生”看到他们的孩子在繁荣的社会中取得成功的大量机会。

除了公立学校，还有什么机构可以让一个社会中的所有孩子都能上学？还有什么机构能够为每一个孩子提供培训、支持、指导以及未来成功的机会？还有什么机构可以广泛传播能够将社会凝聚在一起并确保其稳定治理的基本知识和技能？只有公立学校才有这种普及性。正因如此，学校是阿米泰·埃齐奥尼所谓的我们必不可少的“第二道防线”，它可以抵御威胁我们青少年和社会的文化分裂。埃齐奥尼写道：“如果要恢复我们社区的道德基础，那么学校就不得不在家庭、社区和宗教机构失灵的地方介入进来。”

我们的学校必须进行改良和改革，但这并不意味着我们可以放弃它们。因为运转良好的学校拥有的教学能力远远超过任何其他机构，我们必须扩大而不是缩小学校教育的普遍覆盖范围。无论公立学校目前有何不足，它们仍然是数百万青少年最后和最好的希望。在许多家庭中，家人之间的关系已经疏远到了家庭瓦解的地步。无论我们做什么来扭转这个趋势（我们当然必须尝试），在可预见的将来，我们都不可能完全消除这个问题。这个问题的症结根深蒂固，而且整个发展趋势也不对。无论我们推行多少新的社会计划，仍会有大量的孩子在功能失调的家庭或疏于照顾子女的家庭中成长，或者根本就没有家庭。

尽管我们的许多公立学校迫切需要改革，但这类学校本身值得捍卫，特别是当这么多孩子转向家庭辅导和付费教育等替代方案的时候。学校将永远是任何社会中传授最先进思想的最理想之地，公立学校让每个孩子都有机会获得这样的思想。只有公立学校才能为一个社会的所有孩子提供系统的学科教育，才有一支受过教学训练的老师队伍，并有同龄学伴与之合作和竞争。

针对青少年的正规学校教育具有极大的价值，根据简单的公平原则，我们应该为每个孩子提供典型的正规教育。如果我们做不到这一点，我们保持民主的信念将变得空洞苍白，我们未来社会稳定的前景将变得黯淡。对孩子在校内外如何获得读写能力的比较研究，揭示了正规学校教育的独特性和重要性。这些最令人增长见识的研究是在不要求每个孩子都上正规学校的社会中进行的，这使得真正的比较成为可能。例如，在利比里亚的瓦伊人当中，一些孩子接受了正规教育，另一些则没有。在正规学校上学的孩子用英语学习读写。而许多没有上过正规学校的孩子仍然获得了两种可替代的读写能力：与阅读和背诵经文紧密相关的阿拉伯语读写能力，以及主要运用于当地商贸活动和私人通信活动的瓦伊语书面语言能力。由于一些瓦伊人只会这三种读写能力中的其中一种，因此社会科学家能够考察受过正规学校教育的孩子和未受过正规学校教育的孩子之间不同的学习效果。

研究人员发现，在正规学校中获得读写能力的瓦伊人，能够更好地对自己的认知表现进行广泛的口头描述和解释。在研究中，他们得到了逻辑推理和演绎的任务，他们对于执行这些任务的原则清楚地表达了自己的见解。这可能是自我反省、批判性思维或更娴熟的语言能力的迹象。相比之下，用当地瓦伊语或阿拉伯语学习读写的瓦伊孩子，在逻辑任务中几乎没有表现出解释或推理的能力：“在瓦伊社会中获得的无论是瓦伊语书面语言能力还是阿拉伯语读写能力，在测试分类技能的任务中都没有体现出分类学技能的运用。两者都没有促成向逻辑演绎的转变……”同样，当成年人在其人生较晚的阶段第一次获得读写能力时，这一成就往往伴随着更高形式的符号思维，如高级的逻辑技能。

其他的比较研究表明，正规的数学教育也能带来类似的好处。在街上卖糖果的巴西小孤儿不用上学就能完成很多算术运算。有时候，他们计算的速度和准确性甚至使他们在数学上比同龄的学童显得早熟。但是，这些在街上学会算数的卖糖果的孩子，从来没有学习过高级数学思维所依赖的“正”字记数法、记数制或推理的形式主体。如果没有在学校里学到正规的符号性工具，这些孩子就会发现他们很难在数学水平上精进。从长远来看，缺乏学校教育使这些崭露头角的小小数学家们处于严重的劣势。

尽管今天的公立学校受到了尖锐的批评——其中许多批评都是有正当理由的——但许多孩子确实从中学到了很多高级技能和知识。我们目前的学校教育制度，尽管还很不完美，但仍然为孩子提供了一个发展其智力的不可替代的机会。这种机构的潜力非常之大，若学校教育系统获得切实改善，它将促使每个孩子的能力获得最佳发展。

学校教育对孩子们品格塑造也起到了不可估量的作用。在当今世界，对于大多数孩子来说，这可能是核心的作用。当然，情况并不总是这样：在学校普遍出现之前，孩子在家庭、农场或商店与成年人一起工作时也往往会养成良好的习惯和价值观。但家庭作坊和儿童学徒的时代基本上是一去不复返了。取而代之的是多年学校教育才能获得的学习技术型社会所需的高级读写技能和计算技能。这些年的学校教育还提供了重要的人际关系，这些人际关系将影响孩子的习惯和标准。

在学校里，孩子观察成年人的行为。对孩子来说，成年人代表着社会的规范和标准。老师通过言行传达这些标准。在学校里，学生们自己的一言一行都要服从这些标准。学生还必须遵守明确的学校行为规范，包括从着装要求到诚实品格。甚至连学校氛围中隐含的尊重和整洁，也向学生们传达了这样的信息：在学校所代表的社交世界中，什么被认为是恰当得体的。学校中的同伴关系为学生们提供了各种机会，让他们深入讨论和协商标准、测试和确认规则、交流和维护共同的价值观。在这种非常丰富和高度结构化的人际关系环境中，孩子对自己产生了一种期望。他们也会努力地实现这些期望。在这样努力的过程中，他们就会形成自己的品格。

最重要的是，学校为孩子提供了找到人生目标所需的工具。在学校里，孩子培养了持久的兴趣，发现了自己擅长的东西，并获得了诸多技能、倾向、抱负和有用的知识。这些东西本身就很重要，而且，坦白地说，它们往往还能让孩子们远离麻烦。相比于没有兴趣、技能或希望的孩子，一个热爱音乐或数学的孩子不太可能陷入麻烦。相比于无知的、从未被新思想启蒙的孩子，一个思想开明的孩子不太可能对他人怀有偏见。

当一群青少年每天下午都在为他们学校的曲棍球队打球时，这些孩子显然就不会在附近的街道上寻衅滋事。事实上，他们参与的活动有规则和理性标准的约束，并带有健康的目标。孩子们参与的活动和人际关系的质量将决定他们的智力和道德发展过程。

每个园丁都知道，健康的植物比营养不良的植物更不容易染病和遭到害虫侵袭。同样，获得积极兴趣、价值观和技能的青少年，相比于没有机会发展这种自然抵抗力的青少年，更不容易从事反社会活动。在人的发展过程中，积极兴趣、标准和技能的获得将使孩子走向和谐的社会交流互动，同时减少他们接触危险活动和体验的机会。此外，积极兴趣、标准和技能本身也为孩子提供了避免暴力等不正常行为的心理工具。这些心理工具包括对非暴力与和平共处的信念；和平解决争端的社交技能；以及相信不用诉诸武力也可以实现预期目标的自信。

通过这些心理工具，孩子们获得了多种防止反社会行为的手段。在暴力事件中，大多数孩子的内部控制系统应对危机绰绰有余。几种不同类型的认知、情感和行为系统相互强化和替代——就像一架飞机，为了安全起见，它有自动和手动两种方式来完成所有基本的功能。

例如，孩子们有不伤害别人的移情理由（避免给别人造成痛苦）；他们有理性的理由（避免让自己惹祸上身）；他们有规范的理由（尊重他人的权利、法律或自己良心的指引）；他们有行为的理由（多年的自制和服从养成的良好行为习惯）。当孩子们实施暴力行为时，这意味着所有这些控制系统同时失效——或者说没有一个系统得到充分发展。学校教育可以避免这两种风险，因为它为培育其中每种控制系统提供了肥沃的土壤。在管理规范的学校环境中，孩子们学到了行为准则、非暴力的习惯和价值观、道德规范和美德以及目标感，这让他们有了亲社会而不是反社会的动机。

在所有让孩子获得充分发展的环境中，暴力和其他反社会行为将显得极不寻常。真正全身心接受学校教育的孩子，其生活的大部分时间都是在这样的背景下度过的。这就是为什么这些孩子很少作为可怕的青少年犯罪活动——我们的报纸几乎每天都会报道这样的犯罪活动——的肇事者出现在法庭上的一个根本原因。

对暴力和反社会行为而言是如此，对毁掉无数青少年未来的各种自毁和消极怠工的行为也是如此。正如我在本书的第一部分中所阐述的那样，这些活动具有相同的根源，由相同的文化流滋养。一个杀害另一个孩子的孩子，一个加入青少年犯罪团伙的孩子，一个自杀的孩子，一个沉迷于毒品或早孕的十几岁的孩子，他们可能都是因为相同的内心空虚：他们的生活缺乏意义和目标，他们充满绝望，变得愤世嫉俗。所有这些问题都有共同的根源，那就是普遍存在的士气低落，它削弱了当今青少年的标准，夺走了他们的自然活力和美德。

因此，所谓的“任性”青少年的问题也将有一种常见的预防性治疗方法：良好的学校教育。就像广谱疫苗可以同时阻止许多危险的病毒生长一样，孩子们全身心地接受学校教育，可以从一开始阻止破坏性和浪费性的活动消耗他们的生命。我们这个时代的一个重大问题是，我们如何才能创造一种学校环境，鼓励我们的所有孩子全身心参与提高生活质量的征程，例如学习、梦想和成功。

当今公立学校的不足之处

尽管公立学校具有重要的作用、独特的功能和高尚的服务传统，但它现在正处于严重的麻烦之中。那些通过取代公立学校而嗅到了盈利商机的人，确实找到了可以利用的严重弱点。毕竟，机会主义需要一个真正的机会来获得滋长。

现在的学校一个悬而未决的最大困境是如何与抵制教育的广大学生进行沟通。学校无法管理，更不用说教育那些在课堂上没有准备好学习、对课堂上发生的一切漠不关心的学生。他们也无法防止这样的学生破坏整个学校的学习氛围。当然，任何一所学校都会有一些这样的学生。但是今天，这样的学生数量众多。

根据我对公立学校的研究，现在有超过一半的学生对学校教授的课程感到兴趣索然。他们不认为学校是为他们的利益而创造的资源。他们不认为去学校是一个学习他们需要知道的东西的机会，他们当然也不认为上学是他们非常幸运地拥有的特权（我最近当着一些高中生说了“特权”这个概念，不出所料，他们听了唉声叹气、咯咯地发笑或翻白眼）。相反，现在的大多数学生认为上学是一种强加在他们头上的东西——或者充其量只是他们极不情愿履行的一种责任。

现在许多学生的学习动机不足，这源于他们对学校里发生的事情不甚了了。对于许多学生来说，课程作业是他们想要蒙混过关的一套晦涩难懂的仪式。他们既无法明白教学内容，也不能理解学校用来教授这些课程的方法。等到他们上高中的时候，许多学生早就放弃了理解课程内容这个目标。在老师的要求下进行谈不上有任何理解的复述，是他们想要或期望达到的全部目标。

自世纪之交以来，许多学校的课程和教学方法都没有太大变化。教育史学家所谓的“工厂模式”仍然在全世界范围内盛行。这些学校试图用 19 世纪的方法来进行最有效的教学。这意味着学校将学生视为同质化的产品，通过标准化的程序填充相同的信息、进行分类和测试。在走下生产线后，这些产品经过认证，然后准备投入使用。顺利毕业的学生在毕业典礼上的轻松交谈和庆祝仪式，难以掩盖学生们获得文凭的整个过程的机械化本质。

唯一改变的是学校的道德风气。它显然已经变得更糟了。这在一定程度上是因为学生的行为往往充满暴力和无序。但学生的行为并不是唯一的问题——而且，无论如何，学校不能对学生的行为习惯负全部责任，不管这些习惯有多么糟糕。学校的道德风气也会因为教风的变化而下降。在今天的学校里，很少有老师对学生持有很高的学业和道德要求。相反，现在有太多的老师采取了一种超然的工作态度，让学生付出最少的贡献和努力就可以蒙混过关。正如我在第 2 章中指出的，这就是西奥多·西泽所谓的臭名昭著的“妥协”——当今公立学校中老师在教学中进行的妥协。事实上，那位“妥协的”老师告诉学生，如果你们表现出足够的“学习意愿”，避免让我们大家都感到难堪，那么我就会让你们通过这门课程，拿到你们所需的凭证。平庸成了老师和学生的一种常态——甚至是一个令人沮丧的目标。

有一个因素助长了当今老师们的道德超然态度，那就是我们的公立学校本质上越来越缺乏人情味、越来越官僚。正如社会学家杰拉尔德·格兰特（Gerald Grant）指出的那样，自第二次世界大战以来，充满社区精神和本土价值观的、人与人之间亲密无间的小型公立学校已经销声匿迹了。取而代之的是大型中央集权管理机构——它充其量只代表了一套遥不可及的、普遍的价值观。这样的机构不能提供个性化的指导和人际关系，从而帮助培养孩子的能力和品格。事实上，这些机构已经成为对老师和学生都不友好的地方。毫无疑问，我们的学校必须改革，这一点我将在本章的后面部分进行阐述，但这并不意味着因为缺乏公众支持，公立学校就应该被抛弃或进一步削弱。我们应该质疑的是这种机构近年来在演变过程中表现出来的性质，而不是其存在本身。

在当今大多数公立学校，老师认为自己既是专业人员，也是个打工者。事实证明，当涉及到教育青少年这一令人尊敬的使命时，这是一种不合理的双重身份。问题是，这样特殊的双重角色并没有给老师留下多少空间来发展与其“客户”——学生——的个性化关系。职业精神和打工者心态共同创造了双重的工作态度，过滤掉了那种曾让老师对学生呵护备至的感情。专业人员将以专家的身份提供特定的服务，但并不总会倾向于培养完整的人。打工者将在明确规定的义务和权利的指导下照章办事。当这两种角色定位结合在一起构成老师的角色时，教育就变成了一种狭隘的、受规则约束的工作，它更多地专注于教授既定的课程，而不是发挥每个学生的最大潜力。因此，许多老师不再认为自己的职责包括在道德信仰、行为或学习动机方面给学生们提出建议。在现在这个时代，推广标准——无论是道德标准还是学业标准——不属于老师职责范围内的事情。

在放学后，老师留下来辅导或管教有麻烦的学生已不再是常见的情景。很少有老师愿意花额外的时间（他们会抗议说，这是他们“自己的时间”）与那些给自己或他人制造麻烦的孩子们待在一起。相反，现在的老师会不假思索地把犯错误的学生从教室里撵走，让他们转学、留级或被开除。我们的社会里有很多被老师抛弃的孩子。其中一个原因是这些孩子在学校里确实行为恶劣，成绩很差。但另一个原因则是，很多老师不再把给有需要的孩子更多关心视为“其工作的一部分”。

现在的许多老师也不愿意共同努力，让学校教育变得更令人兴奋，以迎合那些寻找额外挑战的孩子。现在，我们几乎不可能让老师在正常上课时间之外完成特殊的任务，即使这样的任务可能会为学生开辟新的学习途径。任何教育创新的尝试都必须挤在正常的上课时间里，而上课时间已经塞满了各种让人头脑发麻的练习。根据我的观察，这并不是因为老师偷懒——事实上，我相信他们是我们社会中最负责任和最敬业的专业人员之一。他们朝九晚五（或者更准确地说，朝八晚三）的工作是由笼罩我们教育机构的、冥顽不灵的官僚主义造成的。由于老师们变得士气低落，因此他们的许多学生变得士气低落也就不足为奇了。

平淡无奇的结果是显而易见的。每年都有新的迹象表明，无论是在校内还是在校外，学生的社会行为都在进一步恶化。绝大多数学生的学业标准都在持续不断地下滑。实际上以任何标准来衡量，大多数学生的学业成就充其量只能算是平庸。他们对世界的知识十分匮乏，他们的思维能力参差不齐，他们认真学习的动力惊人地不足。教育研究者发现，现在有许多高中生不知道南极洲在地图上的位置。我要补充说明的是，这些学生中的许多人，如果给他们一张地图，他们不知道如何在上面找到南极洲；如果让他们去找一张地图，他们无法在图书馆里找到；而且，他们从一开始就不愿靠近图书馆，除非被迫这样做。

那些生活背景与正规学校教育要求的那种经验和意识相去甚远的孩子，面临着最大的风险。对于刚接触学校环境的幼童来说尤其如此。大规模政府教育项目试图帮助这些学生，它们识别出这些学生，并针对他们进行特殊教育。事实证明，这种努力不足以应对这种严重的、范围广泛的问题。教育改革者现在认识到，为了持续挖掘所有孩子的智力潜能，我们需要从总体上建设更好的学校，而不是依赖修修补补的教育项目。

就我在第 7 章中介绍的桥梁比喻而言，许多孩子的背景——他们的能力、兴趣、知识——与正规学校教育的要求之间存在很大的鸿沟。我们的许多学校在人际关系和沟通桥梁建设方面存在着严重的差距。这些差距影响到了太多的孩子：现在有很大比例的孩子没有发挥出他们的学业潜力。这些孩子有一些来自贫困家庭，有一些则来自富裕家庭。来自社会各个阶层的学生都变得心不在焉，士气低落。我们必须查出和纠正学校环境中的缺陷，而不能把心不在焉的问题全部推到这些孩子身上，就好像现在的公立学校里大批没有茁壮成长的学生出了什么问题一样。对于我们的公立学校来说，唯一可行的方法是创建满足我们所有孩子需求的项目。

改革我们的学校

现如今，我们谈论教育几乎不可能不提及改革的想法。空气中弥漫着各种改革的概念，它涉及到学校教育的方方面面，包括从资金来源到教学内容。管理学校和进行融资的方式、上课时间的长短和顺序、教学实践、课程内容、考试程序和老师培训方式，都在进行重新审核和设置。现在，在教育领域，变革已成为人们的一种共同假设——自相矛盾的是，变革本身现在成了一种新的正统观念。

现在的许多改革想法都是由社会政策制定者提出来的，他们关注的是机构的经济特征以及变革这些机构可能带来的好处。“择校”是这种解决方案的典型例子。择校背后的驱动力是释放自由市场的力量。通过让父母自由地选择把他们的孩子送到他们看中的任何一所公立学校，相对好的学校将获得更多的生源和资金，而相对差的学校将面临公共支持被取消的局面。这样一来，就会形成一种激励机制，促使所有学校努力改善自己，因为它们都需要争夺稀缺的资源。像择校这样的解决方案假定改革的关键是改变从事教育工作的人的动机。该理论认为，如果我们能在自由市场环境中创造一种竞争机制，教育工作者将不得不更加努力。

政客们很快就接受了这些想法，因为这些想法直截了当，在大众媒体上很容易被接受。为了增加政治吸引力，像择校这样的概念也会形成两极分化的观点，因为它意味着在我们学校工作的专业人士需要通过竞争压力来进行激励。择校的概念假定父母应该对当地学校施加竞争压力——这一概念受到了一些人的欢迎，但许多父母和教育工作者对此感到厌恶。那些对择校持怀疑态度的人想知道，大多数父母如何才能获得有关当地学校质量优劣的可靠信息。也许最有说服力的是，许多人担心择校解决方案将把一批孩子留在较贫穷的学校。这会对他们造成什么影响呢？这些学校将会变得更加贫穷，因为它们现在就捉襟见肘的资源都将会被更有竞争力的学校抢走。

任何简单而又有争议的解决方案都会引发针锋相对的辩论——这是政客们非常喜欢做的事情。不幸的是，像择校这样的解决方案，是从抽象的经济理论衍生出来的，只有意识形态观念的飞跃作为支撑。据我所知，没有令人信服的实证研究来检验这样的核心观念，即教育机构的激励条件的改变将直接带来更好的教学效果。因此，这样的解决方案似乎也不可信。仅仅给老师施加更大的压力并不会自动地赋予他们更好的教学能力。提高能力除了需要动力之外，还需要教学工具和洞察力。如今，学校教职员工有改变的动力，但许多人缺乏实现这种改变所需的必备工具和洞察力。而且，仅仅在装备精良、具备竞争能力的学校中推动教育进步肯定是不够的。我们的所有学校都必须变得更好，因为作为一个社会，我们必须关心我们的所有孩子。如果有一个人落下了，我们将不可避免地付出代价。

一条更有前途的学校改革之路，直接瞄准了我们学校的教学环境。教学是学校教育的核心。正如我在第 7 章中所阐明的那样，孩子的学习需要有一个指导关系框架，因此老师是所有学校最重要的资源。老师永远不能被取代，不能被教科书、新的大楼甚或技术进步所取代。归根结底，如果孩子们要获得能力和品格，他们就需要与关心他们智力和道德发展的人建立持久的关系。我们学校的任何改善都必须从确保所有学生都能获得这种关系开始。它还必须确保老师拥有有效的观念和教学工具，帮助他们引导学生朝着正确的方向发展。

当然，我们必须认识到，经济和社会学因素会影响师生互动，各种制度条件可能会限制或促进教学。但是，老师和学生之间的教学关系永远是“真正发挥作用”的地方：即交流学科知识的地方，激发学生好奇心的地方，培养技能和工作习惯的地方，以及形成终身学习倾向的地方。正因如此，关注课堂教学互动的质量对于确定重要的教育指导方针至关重要，这些重要的教育指导方针是无法仅仅从制度关注中得出的。

教育改革的真正途径存在于老师和学生之间的教学互动。学校里有一些结构性变化可以间接地帮助老师的教学能力：例如，将大型学校分成几个较小规模的学校，增加核心课程的课堂时间，减少老师监管的学生人数，等等。这种结构性变化将改善许多老师的工作条件，从而间接促进他们的教学能力。但是，这些变化充其量只是让改进教育成为可能的次要改进：它们本身并不是对学校教育的关键“底线”——教学质量——的改进。事实上，平庸的教学可能而且确实会在最好的条件下发生。相反，启发式教学可以在任何地方进行。从长远来看，最有效的教育改革将是针对教学的改革。

我之所以说“从长远来看”，是因为没有立竿见影的办法来改变在数代人的工厂式教学模式中养成的教学习惯。就像所有值得做的事情一样，没有什么速效办法或灵丹妙药可以在一夜之间把我们的学校转变成让每个孩子都全身心投入学习的地方。任何宣称有速成之法的人，都只是在推销“狗皮膏药”。

改善公立学校的教学质量既需要我们拥有持久的耐心，也需要我们拥有创新的做法。我们必须乐于尝试新的方法，甚至进行较大的调整，而不是寄希望于我们所做的一切都能立竿见影。首先，我们必须牢记要让教育对不同背景、才华和兴趣的孩子都管用这个核心目标。正如美国最深思熟虑、最严肃认真的教育改革家之一霍华德·加德纳（Howard Gardner）所写的那样，学校教育必须成为每个孩子的个性化体验。加德纳认为，只有这样，学校才能帮助孩子获得他们在职业生涯中取得成功所需的深度理解能力。我们的工厂式学校没有鼓励老师进行个性化教学，也没有给老师提供教孩子学会深度理解所需的教学材料或培训。要做到这一点，我们的学校将需要采取一些激进的新流程。他们必须借助最新教育研究突破产生的各种创新方法。

在过去的20年里，教育领域中研究和实践相结合的新方式让新的教学法不断涌现。人类发展研究成果，加上在实践中不断尝试新想法的学校教育实验，为当前的教育问题提供了一些有希望的解决方案。这些解决方案的重点是学生——或者更准确地说，是学生和老师之间发生的事情——而不是学校的制度。

专注于教学互动的学校改革者强调，学校教育必须涉及学生的现有水平和他们应该达到的水平。他们意识到，学校教育项目必须基于孩子的天生能力以及他们从自身经历中获得的自发兴趣。正如霍华德·加德纳所写，学校教育项目的设计必须能够吸引、滋养和丰富孩子们“未受过学校教育的心灵”——即儿童自发的兴趣和对世界的天真看法。因此，传统发展理论的改革者，包括加德纳本人，正在创建关注老师与学生之间的重要互动的教育项目。这些项目建立在孩子自己带到学校的技能和兴趣基础上，同时帮助孩子获得必要的新技能、强大的新思想和对更多知识的渴望。这种双行道桥梁的搭建过程——从孩子入学前的能力一直到入学后的学科知识理解——是有效改革学校教育的关键。

专注于发展的学校改革者致力于将学校转变为我们可以用来培养所有孩子的能力和品格的地方。要做到这一点，我们必须实现三个目标。首先，学校必须让所有孩子建立这样一种人际关系，这种关系既能够引导他们走向共同的社区标准，同时也能够个性化地对待他们每一个人。这意味着老师必须对学生提出较高的智力和道德标准；他们必须认识到每个孩子的特殊才华和兴趣；他们必须以一种能发挥每个孩子最大潜能的方式来进行个性化教学。其次，学校必须让孩子参与到能够训练其理解能力的活动中来。这意味着，老师必须让他们的教学既严谨又对学生们有意义；老师必须绕开死记硬背的常见课堂陷阱和毫无方向的消遣活动。第三，学校必须坚持明确的标准，引导孩子养成良好的习惯和品格。这里既指学业标准，也指道德标准。学校必须代表社会的最高价值观，必须期望每个学生在智力和社会行为方面有出色表现。

正如我将在下面几节内容中所阐述的那样，关注人类发展的学校改革者正致力于采用具有发展前景的（和非传统的）教学形式，例如“项目教学法”“同伴合作”“交互式教学”和“认知学徒制”，来建立“学习者社区”。此外，评估学生的流程和评判他们表现的标准也被重新考虑：改革者正想方设法以更富有建设性和更尊重学生个体多样性的方式来评估学生的表现。许多新的方法已经进入了课堂，并逐步将旧的课堂作业加练习册的教学方式转变为激发学生积极参与和表现的教学方式。甚至一度显得比较激进的想法，即帮助学生们准备用于自我评估的“学习文件夹”，也激发了一些课堂老师和校长的想象力。

尽管付出了所有这些重要的努力，我们的大多数公立学校仍远没有达到教育现在心不在焉的孩子所需要的水平。今天，教育工作者面临的挑战和机遇是广泛利用各种创新的、具有前景的改革路径。

本章的其余部分将考察学校发展研究想要改革的师生互动的三个要素。第一个要素是评估，它既包括老师用来评估学生表现的标准，也包括老师用来评估学生知识和技能的测试。评估是一件由来已久的事情，但它现在成了改革者们重新审视的对象，他们对评估的最佳方式和用途得出了全新的结论。

第二个因素是教育工作者传统上关心的另一个问题：课程，或者更准确地说，是学校要向新一代传授的系统知识。在发展理论和研究驱动下的评估改革和课程改革将带来一种完整的教学方法——一种针对个体学习者的不同天赋、技能和兴趣而量身定做的教学方法。

第三个要素是老师传授知识和道德的方式。考虑到今天的年轻人迫切需要受人尊敬的老师的指导，我相信这是我们所有改革优先事项中最核心的内容。

标准与评估

近年来，围绕学业标准的喧嚣和困惑如此之多，以至于它们埋没了最重要的一点：当孩子努力追求卓越时，他们在智力、个人、道德等方面都会有上佳的表现。任何鼓励孩子追求卓越的活动都会增强他们的学习动力；任何向他们展示如何实现卓越的教育都会提升他们的能力。

显然，学校应该把重点放在追求卓越上。不幸的是，由于错位的担忧和对立的思维，许多学校已经偏离了这一使命。在本书的第二部分中，我记录了一些让学校偏离使命的事情：担心督促孩子取得成就会对其造成“压力”，担心传达过高期望会对孩子的自尊造成“伤害”，担心学校和老师是否应该提倡固定的标准。

近年来，我听过许多课，在课上老师并没有向他们的学生介绍更高阶的学习内容，因为他们担心这些内容不适合现阶段的学生。这就是我在第二部分中所说的扭曲的皮亚杰主义。我和许多老师交谈过，他们认为“催促”孩子做他们还做不了的事情会产生“压力”，从而伤害孩子的自我意识（引号中的词语是我在当今小学圈子里经常听到的词语）。于是，我有时候会问，一个孩子如何能学到新的东西呢？“自我发现”是我从小学低年级老师那里得到的最常见的答案。在较高的年级中，老师则更愿意要求学生们付出努力，但到了那时，他们却发现学生在技能和动机方面都没有准备好学习学科知识。

我以前的一个学生，现在是一名公立学校的老师，她告诉了我一件让她感到困惑不已的事情——当她向我描述这件事时，我也感到很震惊。在拿到教师证书后不久，这位年轻的老师被分配到了纽约市的一所小学，这所小学位于一个多元文化的社区。任教后不久，她就收到了一群父母似乎是精心策划的一系列投诉。他们告诉她，她在数学教学上花的时间太多了。他们说，他们的孩子们都很遭罪。这位老师试图让教学内容变得对这些孩子来说更浅显易懂，但是父母的抱怨并没有停止。最后，校长与她进行了交谈。校长告诉她，这个学区的一大群有组织的父母群体确信，他们少数族裔的孩子不擅长或不喜欢数学。因此，这些父母得出结论，数学教学——以及随之而来的数学考试——是歧视性的。为了创造一个公平的竞争环境，这些父母希望学校少教数学。值得称道的是，这位校长宽慰这位女老师说，她的工作做得很好。令人不安的是，这种错位的恐惧能如此轻易俘获一群忧心忡忡的父母。人们不禁感到好奇，在其他的学校里，其他的校长是否更倾向于随风倒呢？

在这里我重复一下我在本书前面说过的一些话：（1）在面对具有挑战性的任务时，孩子们会受到激励，而不是感到有压力。他们渴望有机会取得有意义的成就。（2）向孩子介绍新想法，鼓励他们掌握新技能，这总是“有利于其发展的”。好的教学方法需要将新的想法和技能与孩子当前的兴趣和能力联系起来，而不是阻止他们接受挑战。（3）挫伤孩子们自尊心的，与其说是他们必须更加努力地满足很高期望的信息，还不如说是人们对他们不抱任何期望的信息。（4）如果学校和老师不提倡诚实、尊重、正直和追求卓越等核心标准，那么他们就是在推卸作为孩子监护人的责任。

至于不同的孩子追求不同的智力发展的价值，这个问题适合从个人层面来谈。的确，每个孩子都有独特的天赋和兴趣。一个孩子可能对文学着迷，另一个孩子可能对数学着迷，学校应该培养而不是阻止这些孩子的个人爱好。但是，声称整个族群（或者，性别）都有这种或那种爱好，这会对孩子们形成刻板的成见，会限制他们未来的选择。来自不同背景的男孩和女孩都有机会在鼓舞他们的教育中脱颖而出。公立学校就是为了给所有的孩子提供这样的机会而开办的。

当学校和老师通过这样或那样的评估程序评估学生的进步时，他们就能够最清楚地向学生们传达标准。传统上，评估被认为是教育过程的最后一步：用工厂式的话语来说，就是首先生产产品，然后通过某种监控设备检验其质量。这种评估模式完全搞反了。由于评估总是反映标准的，而且由于标准对学校教育的使命至关重要，因此我们有必要从一开始就将评估视为学校教学计划中不可或缺的、决定性的组成部分。

在我们的太多学校里，评估主要被视为一种“考核”学生的手段。这些学校从两个方面考核学生：一是看他们有多聪明，二是看他们从现在的老师那里学到了多少东西。在第一种情况下，这些信息被用来对学生进行“分类”：即谁是聪明的学生，谁是迟钝的学生。当被这样使用时，考试成绩会严重制约学生未来的人生选择。在第二种情况下，这些信息被用来评估老师。他能教给这个班的学生多少知识？当被这样使用时，考试成绩可能会对老师的职业生涯产生很大的影响。

评估的这两种使用方式都严重扭曲了老师的教学使命。通过学校考试对学生进行分类不应该是老师的任务，特别是在学校教育的早期，这个时候孩子几乎没有机会探索或展示自己的才能。依据早期考试成绩对幼儿进行“分类”既不公平，也是对人类潜能的浪费。然而，在今天的学校里，这是无时无刻不在做的事情。至于根据学生的考试分数来评价老师，这种做法则阻碍了老师尽其所能地使用高质量的、创新的教学方法。正如许多教育评论家所阐明的那样，评估实践有力地塑造了老师和学生的行为。如果老师将评估作为衡量学生或自己的一种主要手段，那么他们难免会“为考而教”——就是说努力去提高学生的考试分数，而不是教给他们更深层次的能力，以便让他们将来更受益。

幸运的是，一些学校改革者终于认识到，评估不仅仅是评价学生和老师的一种方式。相反，如果使用得当，评估具有基本的教学功能。它可以发挥关键作用：（1）帮助老师确定他们希望学生学到的东西；（2）为老师提供多种方式来认可学生的各种才能；（3）使老师能够就学生的学习成绩提供即时和有用的反馈；以及（4）帮助学生从反馈中学习，监督自己的学习，并超越自己过去的努力。

单一地使用评估对学生进行评分（和分类）的做法以前也

受到过挑战，特别是在一些完全抛弃考试的“进步主义”教育运动中。一些乌托邦式的学校社区，如英国夏丘私立学校，因厌恶人们提倡的外部奖励和竞争氛围而抛弃了给学生评分的做法。进步主义教育工作者担心，标准化评分会导致学生之间进行恶性比较。这些教育工作者认为，这样的比较是无效的，因为他们没有认识到学生个体可能拥有不同寻常的天赋。这样的比较不仅会对学生的天赋形成有害的误判，而且还会阻碍学生追求学校通常不会测试的特殊兴趣。

尽管这些担忧不无道理，但是完全摒弃学分的进步主义方案是站不住脚的。它不可挽回地削弱了学校的评估功能，并从教育者的工具包中移除了一些必要的沟通工具。许多学生需要外部奖励的刺激来推动他们前进，或者在面对太令人生畏、太令人沮丧或者太不熟悉的学习任务而畏缩不前的时候，他们需要外部奖励的刺激来推动他们勇敢迎接挑战。例如，许多学生从未发现阅读的内在乐趣，直到他们受到外力的推动，克服焦虑，翻开一本看起来令人望而生畏的书。正如我在第二部分中指出的，下面这种概念只是建立在错误对立上的又一个谬论：内在动机和外在动机是不相容的，教育工作者在制定与学生共同学习的策略时必须在两者之间做出选择。

除了增强学生的学习动机外，学分和其他评估手段还可以向学生传达标准和期望。他们通过向学生提供关于其表现的明确反馈信息来做到这一点。反馈毫无疑问是评估最重要的教育功能。如果学生们想要提高成绩，他们就需要反馈信息；分数和其他评估手段为学校提供了一种系统的方法，定期向所有学生提供这样的反馈信息。如果没有这样的方法，老师的反馈信息对许多学生来说就会显得不一致，没有方向性。进步主义学校运动失败的最大一个原因，可能是它不能通过具有明确标准的系统性评估方法来激励学生以及与学生沟通。

尽管一些具有传统发展研究思想的学校改革者认同某些进步主义者的担忧，但是他们最近采取了不同的策略，开始支持具有建设性的教学功能的评估方法。他们辩称，令人信服的教学策略必须有清楚明白的评估标准和实践。这些发展研究者已经制定了明确用于指导教学实践的评估标准，以传授强大的思维技能和品格。这样的评估标准是针对个体学习者的，因为它们认识到了学习者在天赋、背景和兴趣上的巨大差异。总的来说，这些研究提出了以下几个评估原则：

1. 生态效度：评估方法要直接衡量老师希望学生获得的技能和知识。它是在类似于实际工作环境的背景中做到这一点的，在这个环境中这些技能和知识会得到应用。这种评估方法不会测试去情境化的“客观”指标，因为此些客观指标虽然与这些技能有关，但与实际绩效的关系仍然是推测性的和不确定的。

2. 标准的“透明度”：向被评估者清楚说明评估标准，以便他们能尽快从评估结果中受益，并以此评估为基础，获取更好表现。

3. 评估活动的内在趣味性：评估工具必须引起学生的兴趣，才能有效地揭示学生的技能和知识。换句话说，为了使评估有效，学生必须具有取得好表现的动力。

4. 广度：评估方法必须提供用于衡量学生技能和知识的多个指标，这样才不会因为学生在某个单一指标上表现不好而做出扭曲的推论。这种评估方法记录了各种智力领域中用来执行相关任务的所有技能和知识。

5. 对个体差异的敏感度：评估方法必须考虑到学生的个体差异。这些差异可能包括语言天赋、文化背景、以前的学校经历、社交技能和取向，以及其他可能影响学生表现的天性。

具有这些特点的评估实践在学校改革研究文献中被赋予了各种名称，这里仅列举改革者目前使用的几个术语，如“展示”“文件夹”和“理解能力表现”。这样的评估程序创造了开放和交流的学习环境，推行了较高的标准，同时尊重了学生的个性，为学生的智力发展奠定了基础。采用这种评估方法的老师鼓励学生培养强大的思维能力和强烈的学习意愿。通过这种做法，他们孕育了课程改革的新方法，我将在下一节内容中对此进行阐述。

课程发展方法

教育改革发展研究者正在重新发现一个古老思想的价值：让孩子参与包含高度激励性任务的长期“项目”，从而引导他们获得基本技能和知识。教育项目是在传授学科技能，同时也是实现重要目标的真正任务。例如，通过使用高级数学计算来设计和建造游乐区；或者制作带有高级读写策略的社区时事通讯；或者创建一个原创的科学展览品。基于项目的教学只是当今课程改革中几个有希望的想法之一，我将在这里集中讨论课程改革，因为它几乎体现了这样的改革包含的所有发展原则。

项目教学法最初是由20世纪初的创新者引入美国教育领域的，这些创新者受到了质疑传统评估做法的进步主义运动的影响。在早期和当代的版本中，教育项目包括创作艺术品、绘制地图、编写和上演戏剧、进行科学实验，以及经营小型商业企业。其想法是让孩子参与真正的任务，这些任务要能够自发地激励他们，同时培养核心的学习技能。在做一个项目时，孩子会在很长一段时间内追求一个特定的目标。最终，教育项目应该会诞生作品、成绩或活动。从本质上讲，项目往往是多学科的、任务驱动的。它们为学生提供了各种机会来获得和练习读写能力。阅读、写作、数字计算、科学知识和美学知识都可以融入到精心设计的教育项目中。

尽管它作为一种教育工具很有前途，而且在课堂环境中取得了一些真正的成功，但是在早期，项目教学法很快就沦落为教育的点缀。这在很大程度上是因为这种方法从未被有可能充分发挥其综合教学潜力的系统教学法采用。项目的结果也没有被充分评估过，例如项目的激励作用、发展成果或相对于其他教学法的价值。因此，教育工作者开始认为项目教学法是边缘化的，甚至是有缺陷的。虽然一些课堂仍在使用项目教学法，但多年来，教育研究文献很少论及将项目作为课程和教学的重要组成部分。

教育研究和发展心理学的最新突破有可能使项目教学法从偶尔的“消遣”变成系统教学法。这些研究的突破让我们有了新的洞察：项目实施的环境；它们可以服务的教育目标；学生有效参与项目的方式，以及证明项目有效开展的方法。发展心理学研究者一直在开展相关的工作，致力于解决认知科学、社会化学习和学生评估问题。特别值得指出的是，关于认知学徒制、认知形式、同伴合作和替代性评估的最新研究提出了具体的教学策略，以帮助老师建立环境、目标、学习安排和评估程序，从而充分利用项目提供的教育机会。

认知学徒制表明，项目提供的远不止是一个有意义的、激励性的让学生发展读写技能的教育环境。项目为学生和老师提供了一个以学徒关系进行合作的机会。在这种关系中，学生与老师共同参与活动。老师演示技能的运用和思维的过程，并提供“脚手架”来帮助学生开展活动。老师会逐渐减少给予学生的支持，直到学生能够独立完成任务。在整个过程中，老师就像教练一样，通过选择合适的任务、诊断问题、提出挑战和提供反馈来监督学生的学习过程。

项目还让学生有机会超越基本技能，发展“更高阶”的读写能力，包括使用认知形式。认知形式是基本的概念结构，如比较、对比，以及形式与功能分析，它们提供了有条理的解释和理解知识的方式。认知形式可以服务于许多不同领域的思考和学习。这些强大的思维形式可能被所有年龄段的人——科学家、历史学家，当然还有学生——用来理解任何学科知识。它们在日常生活中也有很强的应用性。例如，形式与功能分析提供了一种强大的看清许多事物“逻辑”的方式。我们可以从这样的视角来看待工程学：飞行器有各种功能（飞行、悬停），以及用于实现这些功能的特点和特征。使用这种形式与功能分析或其他认知形式，可以帮助学生探索和深入地理解各种各样的概念和主题；有效使用这些认知形式的学生在学校内外都应该是更好的思考者。

提升项目价值的还有同伴学习的机会。近年来，许多研究者和从业者发现了同伴互动的巨大教育潜力。同伴辅导、合作学习、同伴协作和“小组学习”等实验形式，已被证明在各种各样的环境中都卓有成效。同伴协作和“小组学习”都促进了学生之间平等的团队合作关系，对于帮助学生理解具有挑战性的学科（如数学和物理）的复杂概念具有特殊的价值。同伴协作特别适合基于项目的教学方法，因为它鼓励能力水平相似的孩子共同承担任务和进行交流。此外，我们有理论上的依据相信，当与其他兼容的教学方法（如认知学徒制和绩效评估）相结合时，同伴协作就会成为一种特别强大的学习体验。项目提供了在一个持续的教育环境中综合运用不同教学方法的独特机会。

长期的、任务驱动的项目包含基本的读写、算术技能，以及强大的认知形式。它们具有很强的激励性，因为它们是围绕对学生来说清楚明白的任务而建立的。他们鼓励学生之间的小组合作和学徒式的师生关系。参与长期项目有助于所有学生，包括那些以前没有找到令人信服的理由去学习学业技能的学生培养好奇心、计划能力、责任心、毅力、理解力和学习倾向。

基于项目的学习不仅提高了学生的认知能力，还改善了他们的倾向、动机和习惯。思维和学习倾向本质上是心理因素，它包含两个基本的要素：倾向和敏感。倾向是指学生对某种诸如公平或谨慎这样行为的意向。而敏感则指的是学生对这种行为所适用的场合的警觉。简而言之，说一个学生有良好的思维和学习倾向，就是说他或她有察觉某一特定行为所适用场合的敏感，并有在这种场合下采用这种行为的倾向。

杰出的教育研究者戴维·珀金斯（David Perkins）概述了七种截然不同但却相互依存的思维倾向。虽然项目鼓励发展许多倾向，但它们特别适合帮助学生形成思路开阔、喜欢探究，以及保持求知欲的倾向。思路开阔、喜欢探究的倾向包括探索不同的观点、提出和评估多种选择，以及考虑替代解决方案和进行头脑风暴的倾向以及敏感，例如对过早妄下断言和狭隘思维的警觉。保持求知欲的倾向包括探究的热情，在探究过程中提出问题和进行调查的意向、调整探究方法以及保持专注和坚持不懈的倾向以及敏感，例如对未被问到的问题和异常情况的警觉，以及对未知或不清楚的东西的意识。

我在前面阐述的最新评估研究提供了必要的工具，有利于促进学生在项目中的学习和评估项目的有效性。在过去几年中，人们把越来越多的注意力放到了在有意义的活动中利用各种方法来直接观察学生的重要技能、理解能力和表现。这些评估方法为学生和老师提供了反思学习过程的机会。这种积极的反思产生的反馈信息，有助于促进教学过程的改进和进一步发展有价值的技能。同时，这些评估方法可以记录学生在各种领域中的理解能力和技能水平，并可以记录学生的表现在一段时间内的所有改变。

当然，这些方法有赖于老师在自己的教学实践中全心全意地支持和采用创新举措。由于老师的支持或理解不足，许多有前途的创新举措并没有得到充分的利用。较为成功的新项目从一开始就会让老师和父母通力合作。老师和研究者具有共同的项目议程，他们经常讨论教学策略，并共同改进最终采用的教学方法。通过这种方式，老师能够主导创新活动，并可以从内在理解它们。成功的实验项目为我们提供了一个与老师合作开发教学项目并战略性使用上述教学方法的样板。

我在本节内容中特别提到了项目教学方法，因为它们在当前的应用中结合了教育改革发展研究中产生的所有主要洞见。一方面，项目教学方法鼓励师生之间建立师徒式关系：随着老师提供各种挑战和工具，他们就有机会示范和支持处理复杂任务的方法。项目还鼓励学生之间进行充分的交流。它们为学生提供了在相当长的时间内探索各种各样的概念问题的机会，培养了在不同的知识领域使用强大的思考认知形式的能力。在这个过程中，学生们可能会建立起持久的学习和探究倾向。

在评估方面，项目提供了一个评估的环境，在这个环境中，学生们的作品、表现和理解程度可以在激励性的和有意义的活动过程中被记录下来。这样富有建设性的评估使教育工作者能够根据个体学生的优点和缺点进行战略干预，从而提高其学习技能。

教育方式

所有的教育都是通过各种关系来实现的，相应的，所有的关系都有清晰可辨的特征来塑造它们所影响的教育的质量。这些关系既有内在的特征（同伴关系总有某种平等感），也有参与者特有的特征（有些同伴很友好，有些同伴争强好胜或喜欢争论，还有些同伴很冷淡，等等）。从本质上来说，师生关系具有某些影响其质量的内在特征。最重要的是，在任何师生关系中，老师相对于学生来说总是处于权威的地位。但不同的老师行使权威的方式不同，这就构成了教学关系的特殊性。

师生关系的智力教育质量取决于：（1）老师对学生所持的标准和期望；（2）老师对学生的理解；（3）老师与学生交流的能力；（4）老师进行创新和个性化教学的意愿；（5）老师对教学主题的把握。师生关系的道德教育质量取决于老师权威的合理性，以及老师行使权威的方式。

在许多方面，师生关系的道德性质优先于智力性质。实际上，如果老师违反了权威合理性原则，学生就会失去对老师的尊重，并开始不信任这段关系。从道德上来说，老师有责任在与学生的互动中体现良好的价值观。如果老师推卸这一责任，他们就会把学生引向错误的方向，并因此伤害学生。老师通过用合理的方式来行使权威，向学生展示和传达了良好的价值观。教学中的合理权威有三个基本特点：公平性、特殊性和真实性。在这三个重要特点中，最后一个是最难的，同时也是最关键的。

公平性是所有关系的道德要求。在教学环境中，它通常体现在对待不同学生是否不偏不倚，和给予奖惩的考虑是否明智。一个常见的例子是老师对学生未完成作业的反应。老师对某些学生可能比对其他学生更有耐心，其理由可能是老师对特定学生有一定了解，也可能是特定学生的借口更有说服力。其中一些理由可能是很好的，甚至是必要的。但学生对老师不同的反应非常敏感，除非他们察觉这种不同反应是出于善意的动机和公正的管理，否则老师就会将其道德权威置于危险之中。

在不对称的关系中，特殊性是决定权威合理性的基本特点之一。这意味着，发布的权威指令必须局限于有合理权利领导的特定领域。合理的权利可能来自于许多社会公认的属性，如能力、经验和地位等。所有这些权利只适用于权威所辖的范围。它们不能等同于允许不受约束地行使权力。权威人物不得越界。老师可以告诉学生们周二早上去哪个教室，但不能告诉学生们周日早上去哪所教堂，或者下一次选举投票给谁。

与公平性一样，第三个基本特点——真实性——也是人际关系的一般道德标准。然而，真实性在教学关系中引发了一系列特殊的问题。这些问题涉及老师面临的最困难、最重要的道德挑战：用道德手段追求道德目的。老师以及其他成年人在与孩子交谈时往往会掩盖真相，因为他们通常认为，全部真相会将孩子引向歧途。无论出于多大的善意，这是一种错误和危险的观念。它不可避免地传递了有害的道德信息，并可能危及学生对老师的信任。

在课堂上，掩盖真相可能会有多种形式。教健康课程的科学老师可能会夸大不安全行为（抽烟、酗酒、吃高脂肪食品）的风险，目的是引人注目地传达警告信息。历史老师可能会对一些事实避而不谈，因为这些事实可能会让受人尊敬的人物形象受损。在一个多元化的社会里，许多群体的高度敏感性让社会学老师感到压力重重，对于一些可能有损于这些群体奉为英雄的历史人物形象的事实，他们不得不慎之又慎。

我在这里的目的不是数落“掩盖真相”这种常见的、在道德上值得怀疑的做法。更要紧的是，我想关注这样做可能造成的教学风险。师生关系是建立在信任基础之上的。在这一点上，它与其他任何关系是一样的。但是，由于师生关系的目的是交流知识，因此学生相信老师所传授知识的准确性对这种关系的存续至关重要。如果学生意识到老师更偏向于某种信息——无论多么高尚——而不是真理，那么学生对老师的信任就可能会被破坏。

除了严重威胁教育可信度之外，掩盖真相还会破坏师生关系的大部分道德意义。正如我在本书中所阐述的那样，人际关系对孩子发展的影响直接来自这种关系的互动质量。从这个意义上说，所有关系中的交流媒介都是这种道德信息。皮亚杰深谙此理，他曾撰文称，以约束为特征的关系只能产生单方面的尊重、道德现实主义和许多其他“他律”倾向，而以合作为特征的关系直接导致相互尊重和自发的道德取向。这种关系中的互动形式本身就具有道德意义，而且会在发展过程中被这种关系的参与者内化。

不诚实的交流最大的教育缺陷是它会体现并传递一种不诚实的价值观。这是一种方向错误的强有力的道德教育形式。一次不诚实的交流所留下的后遗症，远远超过老师苦口婆心劝诫学生要诚实的效果。然而，根据我的观察，这是学生在受教育的过程中遇到的最常见的错误教育。它也是老师在实践中最难避免的一个失误。因为同样的原因，下面这一点也很常见，而且难以避免：在人类的各种事情中，总有令人信服的理由来解释为什么某些重要目的似乎采用任何手段都是合理的。

一般来说，手段和目的之间的绝对一致性可能并不总是容易达到。例如，欺骗有时候达到了基本的道德目的——就像用谎言将无辜的人从邪恶的独裁者手中救出来一样。但在这里，我要强调师生之间不诚实交流的特殊道德风险——源于教育的目的和本质的风险。大多数教育工作者都同意，教育的目的是促进学生的智力和道德发展。正如我所指出的，教育的本质是一种交流关系，在这种关系中，老师扮演着权威的角色。不诚实的沟通削弱和腐蚀了教育的各个方面，因为它们传达了真相不受重视的信息；它们让老师对学生进行了错误的教育；它们破坏了老师在课堂上的合理权威。我很难想象，在老师对学生发展负责的教学关系中，有什么掩盖或扭曲真相的行为是有正当理由的。教育的手段和目的是紧密交织在一起的，它们的一致性对于有效的教育方式和通常的道德考量来说均是至关重要的。

到目前为止，人们普遍认为教育具有道德维度，但是对于老师在道德问题上的正确立场，这一职业仍然存在一种奇怪的矛盾心理。在我教的实习老师道德教育研讨班上，这一点我看得最清楚。在一开始上课时，我经常会问这个问题：老师把他们的价值观带入课堂是否合适？当你提出这个笼统的问题时，它会带来各种各样的意见和争论。对于在课堂上维护任何道德或个人价值观的做法，实习老师往往会表示他们持保留意见。他们通常认为这样做不够专业，对于与老师没有相同价值观的学生们来说也不公平。

但是，你很快就会清楚地发现，当这个研讨班继续考虑教育的总体目标时，他们大多数人支持至少有两种普遍的价值观。每当我与老师或实习老师讨论教育目标时，我都会发现我们具有一种强烈的共识，那就是教育应该培养宽容和批判性思维。在我们的教育文化中，这两个目标被广泛接受，而且很少受到质疑，因此我常常很难让老师明白它们就是价值观。例如，让我始终感到惊讶不已的是，许多老师认为在课堂上坚持绝对宽容完全遵照了这样的观念，即老师不应该让自己的价值观影响他们课堂的判断和行为。同样地，老师往往倾向于将批判性思维这个目标放在价值观范畴之外的“元类型”中，就好像人们在这方面不需要做出理性的选择一样。由于人们认为批判性思维是一种让各种选择经受推理和真理考验的客观流程，因此他们通常不会把它当作评价对象。

关于这一点，我对这个研讨班讲述了大约10年前我在加拿大多伦多的一次会议上目睹的一件事。这件事是现在比当初发生时更合乎时宜的罕见故事之一。当时，安大略省教育研究所的一名研究者正在介绍培养青少年“批判性思维”的新方法。照我看来，她的想法听起来并没有多大的争议性，但却让当地学校的两名董事感到气愤，乃至勃然大怒。他们质问，这些新的方法难道不是在反复灌输当时所谓的“发散式思维”吗？加拿大这个多元文化国家，难道不需要更多地鼓励孩子们培养辐合性思维吗？这个研究者竟然敢把自己的反民族主义价值观纳入为公立学校设计的课程教学材料中？在那一天，就连一些加拿大人也将这种反对之声斥为过度的民族主义焦虑：我怀疑，如果现在发生同样的事情，可能会有更多的人被说服。

不过，我在这里并不是要为这些特殊的民族主义问题辩护。就我个人而言，我是一个具有批判性思维的人！相反，我是想说，即使是最被广泛接受的价值观，如果它们不能合乎时宜地发挥作用（因而被认为是有价值的），那么它们就有可能遭受攻击。谁能说民族主义不应该成为特定时期和地区的教育优先事项呢？谁又能说批判性思维不会逐渐削弱民族主义情绪呢？所有的教育选择——从直接的道德教育到课程优先事项——都反映着价值观。无论这些价值观在特定时期和地区表现得多么无懈可击，它们都可能在不同的时期和地区受到质疑。

当一个人假设某些选择毋庸置疑的时候，这可能会给他们带来一种不和谐的经历。老师不能有这样的假设，并且他们必须准备好在涉及核心价值观的问题上表明立场，在这些问题上捍卫自己根深蒂固的观念。教育的首要挑战是获得一个一致的价值观框架，并依赖它做出各种教育选择。幸运的是，就像所有社会成员一样，老师不需要（也不应该）独自构建这个框架。因为在他们任教的社区中，他们可以获得流传下来的稳定的基本价值观。

老师们表示，在课堂上出现的所有复杂问题中，道德问题是他们最不知道该如何去应对的问题。然而，这样的问题提供了无与伦比的向学生传达道德价值观的机会。这种经验法则类似于老师在与学生互动时常用的方法：老师实现教育的最好方式就是亲自践行自己试图传授的价值观。只要他们根据公平、尊重和诚实的原则来回应课堂问题，他们就能够相信自己的回应达到了道德引导的目的。

在学校向孩子传授价值观往往是间接进行的。就核心的价值观而言，老师更多的是通过他们的行为举止而不是明确的信息来传递。就传授诚实的价值观而言，老师诚实地对待自己学生的习惯，远比一千次有关这一主题的说教更有说服力。学生会敏锐地意识到老师什么时候在掩盖事实，什么时候在有意偏袒一些学生，以及什么时候对有需要的学生置之不理。学生也会敏锐地意识到他们的老师是否在努力保持诚实、公平和关爱。这样的努力是学校向孩子传递良好价值观的最可靠、最持久的方式。

无论学校运转得有多好，它们在解决当今青少年危机方面都只能起到有限的作用。这种危机对于任何一类机构来说都太大了。不管怎样，许多核心的指导领域最好留给青少年的家人、朋友和精神领袖。正如先驱教育家詹姆斯·科默（James Comer）所写的那样，除非得到高质量人际关系的支持，否则学校教育对孩子的生活几乎没有贡献。科默提醒我们，我们必须首先关注孩子的发展——社交、道德和智力发展——并为此调整我们的学校，而不是（这是经常发生的事情）让孩子的发展需求服从于反应迟钝的官僚机构的制度要求。科默和其他把孩子的发展放在首位的人明白，学校只是帮助孩子培养能力和品格的多重影响之一。所有与青少年接触的人和机构都必须在青少年的成长过程中发挥富有建设性的作用。学校无法独力承担全部责任。我们既不应期望它们这样做，也不应把因我们不作为而导致的所有恶果都归咎于它们。

但是，学校也不能推卸属于自己的合理责任。除非学校致力于在校园内创造一种积极引导学生的氛围，否则阻止这种教育质量下滑将是很困难的。

第 10 章
社区与青少年精神

在本书谈到育儿时，我强调了思想和实践的重要性。在描述了当今青少年士气低落的许多迹象后，我在第二部分中阐述了主导我们当今社会的一些误导性的思想和实践。在第三部分中，我专门阐述了我认为比现代育儿思想和实践更有前途的一些思想和实践。自然而然地，像所有作者一样，我也希望本书的内容能给读者提出一种富有建设性的新方法。

但是，提高我们整个社会的育儿质量，需要的不仅仅是说服个人采纳更好的思想和实践。所有父母或老师，无论多么有责任心，都不能长期抵挡不健康和对立的文化的压倒性力量。要让好的思想和实践维持下去，它们就必须在家庭、学校和其他为青少年提供服务的机构中进行广泛分享。事实上，养育孩子需要跨社区的共同努力。更重要的是，一种基于共同的崇高标准和期望的育儿文化，必须取代我们这个时代零散和沮丧的文化。所有这一切都需要构建社区来支持必要的但有风险的育儿事业。如果没有社区的支持，即使父母有最好的想法和意图，他们也很难找到所需的资源来正确地指导他们的孩子。

我在第 8 章中提倡一种在孩子的个人喜好和文明世界之间搭建桥梁的育儿方式。通过这种“搭建桥梁”的方式，父母将其孩子与邻里的活动、事情和人联系起来。相比之下，今天的许多父母为了保护孩子的安全而错误地将他们隔离了起来。正如社会学家弗兰克·弗斯滕伯格（Frank Furstenberg）所说，在非常危险的社区里生活的父母常常会采用“关禁闭”的策略，他们只要有可能就会把孩子关在家里或和父母待在一起。这种策略适得其反，因为它剥夺了孩子发展个人能力的机会，而从长远来看，这种能力将为他们提供最好的保护。从长远来看，这也不是最安全的方式。正如弗斯滕伯格所写的那样：“这种策略的代价高昂，因为它帮助维持了社会偏执，从而阻止了许多父母团结起来。”尽管搭建桥梁有时可能会有风险，但积极参与邻里活动比自我封闭更有可能确保安全。

然而，对于许多父母来说，关禁闭与其说是一种“方式”或“策略”，不如说是一种被迫性的选择。一些父母自己就处于与世隔绝的暗淡生活中，以至于他们不知道如何让自己的孩子与任何有益的东西建立联系。他们的社区是危险可怕的地方，几乎没有可以依赖的社会网络。所以，除非父母看到社区支持的希望，否则他们会把这种策略视为他们帮助孩子应对日常危险的唯一现实的选择。

至关重要却难以捉摸的社区

在担心今天孩子不确定性前景的人当中广泛流传着一句古老的谚语："养育一个孩子需要一个村庄。"这句话确实很有道理。一个成长中的孩子的首要需求是一个扩大化的社区支持网络。然而，社区仍然是一个难以捉摸的概念，因为它存在于社会机构之间的交流互动中，而非存在于机构或人身上。例如，学校和家庭等机构只有在彼此有效合作的情况下才能建立一个育儿社区。合作的性质和质量——和谐程度、沟通交流的开放性、应对突发灾难的能力——是社区持续发展的重要决定因素。

为便于说明，我在本书的最后一部分用了几个不同的章节来分别阐述家庭、学校和社区。但实际上，这种做法就像分离一条烤面包中的空气、酵母和面团一样。正是各个要素的有机结合才让整体焕发出勃勃生机。在蓬勃发展的文化中，家庭和学校通力合作，将标准、技能和知识传授给一代又一代的青少年。通过家庭、学校和社区之间的日常交流互动，生活其间的孩子们接触到了统一的核心价值观，即前文所说的“青少年宪章”。这是文化能够世代流传的一种方式，也是唯一的一种方式。它也是孩子改善道德意识、获得更高人生目标的主要途径。正如“共同事业”（Common Cause）组织的创始人约翰·加德纳（John Gardner）所写：

> 家庭和社区是价值观和道德体系的底层创造者和维护者。没有合理的共同价值观作为基础，任何社会都无法保持活力，甚至无法存续……它们主要产生于人们可以面对面打交道的家庭、学校、教堂和其他亲密的环境中。

在现代，我们距离这个理想已经很遥远了。我们的许多社区现在更像是毫不相干的人口聚集地，而不是真正的社区。它们没有向孩子们呈现共同的、统一的价值观，而是提供了不和谐的、支离破碎的信息，这些信息让他们感到士气低落，而不是欢欣鼓舞。社会系统的各个要素之间已经严重脱节，以至于当涉及到孩子的发展需求时，它们的目标常常是不一致的。

《波士顿环球报》（*Boston Globe*）在 1994 年报道的残疾

儿童的父母享受相关福利的故事是一个令人沮丧的例子，它说明了人们没有通过社会互动交流活动来建立社区。这个故事始于一个 8 岁的男孩在学校里大发脾气。学校后来把这个孩子安排到了一个为“残疾”儿童开设的特殊班级。这个男孩的母亲不喜欢这样的安排，认为发脾气只是“他长大后就会克服的坏习惯”。然后，她被告知，这个男孩的“残疾”每月将会给她带来大约 500 美元的额外福利金。于是，她同意了把自己的孩子分配到残疾班，尽管她的疑虑依然存在。她说：“他只是想一切都按照自己的意愿行事。他并不是真的残疾……我只是觉得他的态度需要改善……但我们需要这笔钱。”其中一位老师也同意这种看法，她说那个男孩是一个聪明的孩子，只是做出了带有一些破坏性的行为（正如这篇报道的记者所指出的，这种行为“要搁以前几代就会由父母们来自行处置了”）。这位老师接着说，她亲眼看到这样的政府流程给她的其他四个学生也贴错了标签，她认为“这对孩子们很不利”。

这样的故事每天都在我们的社会中上演无数次，它们正在创造一种亚文化，即很多孩子被归类为“残疾”，这样做除了经济原因外，并无任何正当的理由。这样的错误诊断不仅使孩子蒙受了耻辱，而且也阻碍了父母和老师帮助他们改善自己的态度和行为。因为孩子听到的不是令人振奋的信息（他们应该努力遵守更高的行为标准），而是令人沮丧的信息（他们有毛病）。这种制度的僵化和非理性阻碍了它履行其肩负的提高儿童福利的使命。由于不符合父母的正确认知和价值观，这一制度削弱了建立一个能够促进青少年发展的社区的可能性。

非理性是一回事，故意挑拨离间则是另一回事。当公民领袖利用人们的恐惧和争议问题搞两极分化，而不是搞团结时，建立社区更是难上加难。在有关教育问题的公开讨论中，有极不成比例的讨论集中在热门但却边缘性的问题上，比如避孕套的使用和多元文化意识项目。我们为什么不联手解决更核心的问题，例如学龄儿童的行为和能力呢？在他们尖锐刺耳的评论和批评中，一些政治领袖教导青少年不要相信学校等机构，而这些机构恰恰是在家庭之外为青少年提供指导不可或缺的。

我们的社会倾向于法律援助可能是为了追求社会正义，但它在家庭和社区中并没有发挥建设性的作用。它助长了不和谐，破坏了这样的目标：在社区内为青少年呈现出统一的价值观，并清楚地指明孩子的正确发展方向。很多法律援助组织怂恿青少年挑战老师的权威，在某些情况下，甚至挑战他们父母的权威。法律上的对立也损害了家庭的动态平衡：在许多行将破裂的家庭中，当他们在有争议的离婚诉讼案中寻求代价高昂的胜利时，父母会被对立的法院审理程序引诱，互相破坏对方在其孩子心目中的可信度。这种破坏性得到了坚持法律援助的家事法院系统的帮助和教唆，尽管有大量证据表明父母在任何情况下的离异都不可避免地会伤害到孩子。

全国各地的孩子都在寻求一致的指导框架。没有强大的社区，就不可能有这样一致的指导框架。父母可能会为孩子提供良好的榜样，老师可能会提供动人的见解或劝诫，但从长远来说，除非孩子在社区中的其他地方也发现相同的论调，否则他们会感到困惑。这种困惑播下了士气低落的种子。反过来，士气低落将不可避免地导致冷漠或叛逆，这取决于孩子的倾向和环境。

我们现在建立能够培养自信和品质优秀的孩子的社区还不算太晚。现代性可能危及社区，但绝不会扼杀社区。相反，现代性改变了社区建立的条件，它还让我们学到了一些关于孩子、社会和人性的经验教训。这些经验教训应该可以帮助我们建立良好的社区，以促进青少年的智力、道德和精神发展。从我们过去的错误和发现中学习，我们就能够在今天和明天的世界中重建养育孩子的“村庄”。

为未来几代人建设社区

在大都市林立和社会隔离的时代，我们可以从哪里找到共同的“村庄”来养育我们的孩子呢？在社会冲突和家庭分裂的时代，我们如何建立扩大化的成人辅导员网络，为青少年提供一致的指导呢？在一个由经济水平相差悬殊的人组成的社会中，我们如何建立支持我们社会中所有孩子发展的社区呢？

为了寻找这些问题的答案，我们或许可以看看人们在被经济衰退和社会解体摧毁的地方重建社区的例子。有时候，在极端困难的环境中，我们可能会发现对所有人都有用的原则。在本书的前面部分，我提到了各种城市青少年组织的勇敢行为，它们在一些遭受最严重破坏的社区为青少年提供了安全的避风港。目前，男孩和女孩俱乐部、体育协会如社区篮球联盟等正在吸引青少年参加有益健康的活动，并为他们提供成人辅导员的指导。其中许多组织都只靠极少的资金在运作，它们的工作通常都是默默无闻的：这些组织的记录者米尔布里·麦克劳克林说：“这是美国最伟大的鲜为人知的故事。”各种迹象均表明，这些草根组织正在拯救成千上万被社会遗忘的孩子的生命和未来。

这些组织的成功有两个关键的原因。首先，它们是真实的。

它们诞生于它们所服务的青少年成长的环境中。这些最有效率的组织已经陪伴了这些青少年很长时间，并展示了它们与青少年同甘共苦的责任感。这些组织通常会雇用一些较年长的社区成员作为员工，他们年轻时也在类似的环境中成长并生存了下来。通常，这些“幸存者”自己也曾深陷麻烦，并从错误中吸取了教训。他们的声音清晰而有力地传到了下一代人的耳中。

其次，这些组织对所有成员都提出了严格的要求。有一些规则和期望是他们必须注意的。它们的年轻成员都知道，如果他们不遵守明确的规定，他们将被淘汰出局。具有启发意义的是，年轻人不会对这些规则感到恼火。相反，麦克劳克林报告说：“年轻人欢迎这些组织为他们设定的规则和限制。”正如我上面指出的，我们都可以学习这项工作所体现的原则。

然而，尽管这些组织已经证明了它们的有效性，但它们几乎没有得到大众的支持。它们年复一年地勉强度日，资金匮乏，常常不得不把许多急需帮助的青少年拒之门外。有时候，由于缺乏足够的资源，它们会悄无声息地消亡，除了他们所服务的不善于表达的青少年之外，任何人都不会注意到它们。为了确保其有效性和生存，这些组织需要与企业、学校、公共机构和其他能够支持其基本工作的组织建立联系。换句话说，它们必须加入促进青少年发展的一系列协调行动中。而围绕孩子的发展需求推进一系列协调行动需要建立社区意识：事实上，社区的本质就是对一个社会中的所有孩子承担共同的责任。在当今社会的太多社区，这种情况并不存在。社区已经变成一种虚无缥缈的希望。

这可能是我们难以企及的新疆域，因为它似乎变得一年比一年更遥远了。但即使在这条最具挑战性的战线上，也有一些先驱者正在推进他们的试验，他们的进步为整个社会树立了很好的榜样。其中一个这样的先驱者就是得克萨斯州南部的社区建设者小埃内斯托·科尔特斯（Jr. Emesto Cortes）。科尔特斯从资深社会活动家索尔·阿林斯克（Saul Alinsky）那里学到了他的组织技能，他把阿林斯克的社会活动工具“工业区基金会”（Industrial Areas Foundation）带到了履行教育和公共服务使命的新领域。科尔特斯将一个大都市区所有正常运转的机构联合起来，与犯罪、吸毒、经济衰退和学校失灵等社会问题作斗争。他教当地社区的人们如何确定和追求他们的共同目标。这些目标可能像安装一个新的下水道系统一样实实在在，也可能像实施进步主义学校改革一样虚无缥缈。无论做什么项目，科尔特斯都从人们为自己和家人设定的目标入手。科尔特斯坚持认为，行动的重心仍在人们自己身上：他从阿林斯克那里学到的一条经典的组织原则是，永远不要代替别人做他们能为自己做的事情。科尔特斯提醒人们他们有共同的利益，敦促他们彼此守望相助，在通常独立运作的人和机构之间建立联系，从而建立了真正意义上的社区。

不出所料，在这个暴躁的时代，科尔特斯招致了极左翼和极右翼政治势力的抨击。对于一些保守派来说，他与激进的阿林斯克关系太密切，不值得信任。对于一些激进分子来说，他太醉心于改良我们的社会，而不是摧毁了它再重建。科尔特斯遭到所有这些政治极端势力批评的原因是，他试图在对立双方之间搭建桥梁，而不是促使其进一步两极分化。他明白，创建一个养育青少年的社区需要在青少年寻求指导的成年人之间达成共识，而不是扩大分歧。科尔特斯充分利用了我们社会中幸存下来的机构，而不是攻击它们。尽管他主张在学校和地方政府中进行改革，但他与这些机构进行了富有建设性的合作，而不是试图摧毁它们。科尔特斯和电视主持人比尔·莫耶斯之间的以下谈话非常具有启发性：

莫耶斯：有些批评你的人说你实际上太保守了。他们说，你正在把越来越多的人带入一个僵化和过时的现有机构体系，而你应该变革这个体系。

科尔特斯：嗯，我很少有这样的荣幸被批评过于保守，但我想，从某种意义上来说，我们正在倡导一种文化保守的策略。人们与机构建立联系是很有必要的。我们必须区分传统和传统主义，前者是死的人流传下来的活思想，后者是活的人的死思想。如果你说我保守是因为我认为家庭很重要，那么我认罪；如果你说我保守是因为我认为教会很重要，那么我认罪；如果你说我保守是因为我认为公立学校可以有效运作，那么我认罪；如果你说我保守是因为我相信美国能正常运转，那么我也认罪。

通过在一个名为“得州宗教间教育网络”（Texas Interfaith Education Network）的网络上联络的一些当地合作伙伴，科尔特斯和他的同事们利用他们的社区建设方法，振兴了整个得克萨斯州南部的公立学校。这些合作伙伴包括COPS（公共服务社区）、ACT（塔兰特联合社区）和EPISO（埃尔帕索宗教间赞助组织）等，它们正致力于用“学习者社区”取代工厂式学校。在一份关于未来公立学校愿景的声明中，得州宗教间教育网络描述了下面这种想法：

成功的学校将更多地扮演“学习者社区”的角色，而不是官僚等级上最底层的角色。它们的特点是创造各种各样的学习环境和策略，以适应孩子们特殊的、不同的需要。学生不是被动的学习者，而是合作学习社区的一员。老师和行政管理人员共同致力于不断提高他们的教育水平，他们从经验中学习，向彼此学习，向学校里的学生学习。成功的学校的特点是所有利益相关者——包括父母、老师、行政管理人员和社区领导人——之间都建立了充满活力和相互协作的关系……成功的学校将认识到并支持家庭在孩子教育中的重要作用。

当地伙伴关系，如COPS，在社区范围内举行会议，以促进学校改善教育事业。这些会议规模很大，同时也很有针对性。有些人说它们带有一种复兴的“氛围”。演讲者分享他们的教育经验，并请求参加会议的父母、公民领袖、商界人士和其他公民提供支持。通常，学生也出现在那里，他们也会分享自己的经验和希望。在会议接近尾声时，所有社区成员都被要求公开声明他们会致力于推动学校改革事业发展。

正如科尔特斯及其追随者所做的那样，社区学校改革运动是悠久传统和当前时代的有力结合。它是历史悠久的，因为它保留了千百年来社区标志性的村落般的亲密关系和共同责任。它又是当代的，因为它利用了从最新研究和实践中总结出来的最先进的教育方法。

科尔特斯的组织协调工作抓住了社区的本质，在人们和机构之间架起了桥梁。通过这样的努力，人们感觉到学校、教堂和其他公共机构确实是属于他们的机构。通过将改善学校的目标化为每个人的公共事务，父母和老师、公民领袖和学校、教会和世俗，以及孩子和扩大的成人辅导员网络之间，建起了新的沟通渠道。充满活力的有关教育的社区对话让孩子们感觉他们在学习过程中有了新的目标感，与长辈们有了新的联系。这些努力体现出来的共同目标和价值观，呈现出了人们对青少年清晰的、一致的期望。这些努力带来的学校改善为青少年提供了培养各种技能和理解能力的新机遇，这些技能和理解能力将对他们当前和未来的生活大有裨益。

得州宗教间教育网络的学校改革愿景包含我在第 9 章中概述的项目教学的许多要素：关注学生的积极学习和理解；关注每个学生的才华和兴趣；在课堂中重新调整社会关系，强调合作和指导；使用同伴学习方法，如小组学习和辅导；以及使用以表现为基础的评估为学生提供富有建设性的反馈信息，包括他们已知道和不知道哪些知识。此外，这些要素还包括致力于给孩子们传授他们在工作和社会中所需的基本技能。在这种方法中，思维和知识、解决问题和事实、孩子们自发的兴趣和较高的成就标准之间，没有毫无意义的两极分化。不言而喻，一所好的学校能够促进上述所有方面的发展。

在美国得克萨斯州学校改革运动中，孩子的现实需求和精神需求并没有对立起来。这场运动对宗教观点也很开放，在科尔特斯和他的同事组织活动的社区，宗教观点也得到了表达。不同信仰的人为了一个共同的事业而团结在一起，但这并不意味着需要压制任何特定的信仰表达。没有人觉得一个人的信仰若不隐藏起来就会对另一个人产生压迫效应。事实上，我们需要教堂和其他宗教机构在重建社区方面发挥建设性作用。当然，它们的共同点是，它们都献身于超凡的使命，并通过共同的社区给孩子传授这种超凡的使命。

得克萨斯州的社区革新运动本质上是改良主义。它与学校等传统机构密切合作；但它会敦促这些机构改进方法，提高其帮助青少年的能力。因此，该运动支持非传统的教育改革方法，如合作学习和绩效评估，以努力重振这些机构。这种运动的重点是孩子现在和未来需要的技能和价值观。它不会怀旧地聆听过去的想法，也不会维护禁锢年轻一代的传统实践。

在当今社会中，确实有一些社区在这样砥砺前行。其中一些社区至少取得了部分成功。人们决心在自己和父辈曾经生活的相同环境下养家糊口，正是靠着这些人的忠诚，这些社区在日益恶化的社会环境中努力维护着它们的安全和团结。在许多方面，人们不得不佩服它们取得的成就。

社会学家弗兰克·弗斯滕伯格就描写了费城一个这样的社区。它是“为数不多的几个城中村之一……这个社区在一波又一波的城市恶化和中产阶级化的浪潮中幸存了下来”。这个社区的特点是“丰富的资源支持和密集的成年人网络，成年人与孩子联系密切，充当着有效的支持系统和社会控制的源头”。它绝不是一个富裕的社区：它主要是由工薪阶层组成的，他们的家庭世世代代都生活在那里。社区的主要资源不是物质，而是人际关系。人们觉得有义务照顾彼此的孩子。他们照看着孩子，正如一位父母所说：“街上到处是耳目。”学校、体育联盟和当地企业都对这个社区的孩子表现出了浓厚的兴趣。他们经常与父母沟通。弗斯滕伯格写道，在这个社区，“养育孩子是一种共同的活动”。在核心标准问题上，这个社区用同一种声音向青少年说话：父母“有理由相信，如果他们的孩子不守规矩，任何成年人都可能会像他们自己一样管教这些孩子”。这个社区的孩子享受着只有由人们和机构组成的关爱孩子的网络才能提供的保护和指导。在这方面，这些孩子比他们的许多同龄人幸运得多。

然而，人们无法对这个特殊社区的未来感到乐观。它正在用陈旧的武器对抗日益恶化的社会失常状态。这个社区的一些价值观既过时又狭隘。弗斯滕伯格评论说，“激进的种族主义”会遏制邻里之间发出不和的声音。排外情绪，如种族主义，不能为青少年提供振奋人心的社区宪章。社区无法通过与外界隔绝来保护自己。这样的努力正在节节败退。最终，这些隔离墙将会轰然倒塌。那些没有准备好与多元化社会中的所有人进行富有建设性互动的人将无法适应。

如果一个社区总是抵制所有社会变化，那么它就无法适应新的环境。学校和其他机构必须不断更新，以便有能力为现在和未来的人服务。如果要为青少年服务，那么这些机构就必须与时俱进。这并不是说这些机构应该忽视它们的传统使命或抛弃它们的传统价值观，而是说它们必须用当代青少年能够听懂的语言来调动他们的兴趣。如果青少年从一开始就认为他们社区的学校和教堂是积满灰尘的古老博物馆，没有什么有用的东西可以提供给他们，那么他们就不会全心全意地参与其中。他们也就不会对这些机构产生忠诚——也不太可能对社区本身产生忠诚。青少年在其所在社区形成的大部分价值观都是由学校、教会和青少年组织等机构提供的。当这些机构变得落伍时，青少年很快就会离开，无论是身体上还是精神上。

社区的发展就如同青少年的发展：事实上，社区和青少年的发展轨迹是交织在一起的。每一代人都会有新的兴趣和新的需求，这为社区及其机构提供了变革的机会。一个令人信服的例子是学校改革会考虑孩子在当今世界所需的技能，并使用最有效的、最先进的教学方法来培养这些技能。另一个例子是青少年组织和当地企业会进行重组，为需要指导的青少年提供具有吸引力的活动。当社区及其机构了解到当今青少年的精神面貌时，它们就能够作出相应的改变，而通过这样的改变，它们自己也能不断发展壮大。它们将不断寻找新的方法来实现它们培养年轻一代的古老目标。

我无意于贬低社区抵御外面世界的危险入侵和保护街道安全的英勇行为。我认为，若不进行循序渐进的改革，这样的策略不会长期占据上风。尽管如此，这样英勇的行为确实为一些在危险重重的环境中成长的孩子提供了他们所需的基本保护。无论这些努力的最终前景如何有限，我们都将从中学到很多东西。任何社区的首要目标必定是保护其中的所有孩子免受暴力、虐待、忽视和剥削。要实现这一目标，社区必须再次让自己变成青少年的避风港。社区必须在每个角落提供这些避风功能，无论是在家庭内还是在家庭外。为什么我们认为这超出了我们的能力范围呢？如果像主题公园这种私人营利中心都可以创造巨大的梦幻世界，让孩子在其中自由漫步而不会有任何危险，那么我们在公共领域为什么做不到呢？

我这样问是出于担忧，而不是出于天真。我非常清楚，各种坚韧的文化力量导致了社区不安全这个当前普遍存在的困境——事实上，我已把本书的第一部分和第二部分都用来揭示这些力量。尽管现代社会的不安全不容置疑，但是青少年仍然需要一定程度的自由来探索世界。正是通过自发的探索，青少年获得了很多技能、自信和对生活可能性的洞察力。这是获得能力的关键途径之一。当青少年自由地探索世界时，他们就是在发挥自己的力量，发现自己的兴趣。他们深刻地了解了不同的人、不同的地方和他们自己，这是他们在学校和其他不那么“情境化”的环境中无法做到的。

不断抑制孩子的探索欲望，将不可避免地会让他们变得沮丧和冷漠。这是把一个意气风发的青少年变成一个士气低落的青少年的必由之路。社会各个阶层的青少年，只要生活在可以随意漫步的安全社区，就将受益匪浅。我们至少要给他们一个安全的社区。在一个社会，当负责任的父母觉得他们不能再给予孩子们探索世界的自由时，孩子的成长就会存在严重的障碍。

让我们的社区变得安全和对孩子友好是我们力所能及的事情。我在前面已经指出了支持本地社区组织的重要性，这些组织一直靠自己的力量为青少年提供避风港，尽管它们周围的社区已经崩溃。这是一项行之有效且划算的措施。有很多组织在没有外部支持的情况下为许多孩子创造了奇迹。有些是正式的组织，它们一直在社区里，现在似乎已被置于公共机构下：男孩和女孩俱乐部等。有些则是自发地涌现出来的组织，是为了照顾极度穷困的孩子们。它们被称为"吉迪恩的部队"和"边缘网络"，它们每天都依靠获得的接济勉强度日。如果它们与我们的公共机构建立联系，并从我们定期调拨给这些公共机构的资源中获得哪怕是一小部分资源，它们就可以创造奇迹。它们理应得到我们的支持，因为它们去了孩子最需要帮助的地方。

简·雅各布斯（Jane Jacobs）等城市学家和阿米泰·埃齐奥尼等社会学家，提出了其他许多可行的、经济上合算的解决方案。我们应该通过多种激励措施鼓励小型住宅和临街企业回归城市。我们应该通过社区巡逻恢复城市街道的安全。我们应该重建而不是放弃我们的老社区，因为我们非常清楚，即使是最破旧的社区，也居住着一些有孩子的家庭。

一个体面的社会将承担起对所有孩子的责任。我们不能对那些生活在不安全社区的孩子置之不理，假装他们生活在我们社会的边界之外。我们必须竭尽所能地确保我们的所有孩子都有社区，他们可以在那里生活和成长，并感到很安全。这不是纯粹的利他主义——当一个社会为所有年轻成员提供有利的发展条件时，它最终也能确保自己的安定。

重获社区的道德声音

最后，我们必须帮助我们的社区重新获得社会学家阿米泰·埃齐奥尼所说的“道德声音”。埃齐奥尼写道：“社区用道德声音与我们对话。它们有权对其成员提出道德要求。”埃齐奥尼阐明了我们现在不愿“提出道德要求”的倾向如何侵蚀我们的社区及其成员的日常道德反应。他举了一个令人信服的例子：一位精神病学家认为，医生不应该要求一个人进行哪怕是无风险的骨髓捐赠，以拯救其兄弟姐妹，因为当这个人拒绝这样做的时候，他或她可能会感到内疚。埃齐奥尼的回答是：“如果他们拒绝，他们应该感到内疚。”

一些社区能够为现在的青少年提供保护和指导，但当前不愿意提出道德要求的倾向是我们无法保障这样的社区正常运行的核心原因。我们不愿为别人的孩子负责，也不指望别人照看我们的孩子。此外，我们很少向孩子表明，我们希望他们为社区中的其他人的福利承担责任。我们对孩子福利的关注越来越多地转移到了他们内在的感受。我们关心地问孩子是否舒适，是否负担过重和压力过大，是否自我感觉良好。我们已变得不习惯于问他们是否负起了责任，是否对世界作出了贡献，或者，用一个老掉牙的词来说，是否勤奋。我们不愿让他们感到“内疚”。如果我们真地关心他们的福祉，我们就不应该向他们掩饰我们的道德情感。

清晰地传递社区的道德声音有助于孩子寻求指导，形成他们自己的观点。社区的道德声音将期望传递给所有的社区成员。在成长过程中，孩子们会努力实现这些期望。他们会集中精力去实现这些期望，努力获得相关的技能，并相应地选择朋友、兴趣和活动。对于孩子的发展来说，没有什么比周围人对其不抱任何期望更不利的了。没有什么比在鼓励和支持下表达很高的期望更能鼓舞他们的了。这就是“青少年宪章”的要义。明确的期望是向孩子们传达标准的主要渠道。

对孩子们不抱任何期望的社区将会发现，他们在成长过程中标准低下，自制力差，几乎没有个人或社会责任。始终对所有孩子抱有很高期望的社区，会看到他们拥有很高的标准、抱负、社会意识和对自己行为负责的意愿。

不愿意“提出道德主张”的倾向剥夺了社区的道德声音，它与现代文化的相对主义密切相关。由于人们对标准的普遍性失去了信心，因此他们不愿把这些标准强加给别人。这种倾向对建立青少年宪章形成了可怕的阻力。我们怎么能敦促孩子接受一种可能只反映了我们自己偏见的观念呢？我们怎么能要求所有的孩子都遵守可能只是众多选择之一的某一套行为准则呢？如果我们不相信青少年宪章的指导原则将引导他们走向正确的方向，我们就不可能建立青少年宪章。这种观念已经被一个不断被提出的烦人的问题削弱：社区应该表达谁的道德声音？

当然，这个问题假设了观点的多样性，以及由这种多样性导致的某种程度的冲突。我们既不能否认多样性，也不能否认冲突。现代社会本质上是多元的，社区已不能再一概而论。从很多方面来说，这是一件好事。世界各国的历史，包括美国的历史，均表明文化多样性对一个社会的发展有多么重要。对于民主社会来说，多元化的辩论和观点对社会进步至关重要。但这并不意味着一个多元化的民主社会不能在基础领域达成共识。一个社区的青少年宪章正是需要达成这种共识的一个基础领域，无论社区怎样多元化。

当我在本书中抱怨我们社会的政治讨论的两极分化时，我特别提到了一种错误的方向：与育儿、教育和青少年有关的问题被不必要地政治化了。政治讨论在社会生活的许多领域都很有价值，作为一名公民，我对此表示欢迎。但是，对构成文明生活基础的核心假设争论不休，却会适得其反。所有社会拥有的最重要的核心假设之一就是它对青少年的目标和期望。作为一个社会，我们确实对青少年有一套共同的目标和期望。我们希望他们善良、正派、礼貌、诚实、公平和负责任。我们希望他们有能力和自制力。我们必须相信，帮助他们成为这样的人是我们年长者的责任。

事实上，这些核心假设并没有太多争议，但我们对于如何围绕它们来行动却存在着很大的困惑。我们应该大力提倡它们，还是把它们默默装在心里？我们应该期望所有的父母和孩子都去拥护它们，还是对别人怎么做不做评判？我们应该把这些假设确实当作“假设”来看待，还是继续对它们进行争论？我认为，造成这种困惑的原因是我们尊重民主进程，尊重不同意见。这种尊重是可以理解的、值得称道的，但它用错了地方。在民主社会中，即使最可能引起分歧的辩论通常也是合法的，但这并不意味着一切都是可以争论的。鼓励青少年培养品格和能力，充分发挥他们的智力和道德潜能，像这样的标准就是不可争论的。基础标准之外的东西可能会有各种变数，我们当然可以讨论。但是，我们不应该表现得好像我们的成人社会在基本问题上莫衷一是。我们不应该表现得好像我们无法认同这样的观念：孩子们最好用非暴力的方式而不是暴力来解决矛盾；

孩子们说实话比撒谎和作弊更好；孩子们在学校努力学习比游手好闲更好；孩子们尊重父母和同龄人要比蔑视他们更好。我可以提供更多这样的例子，本书的所有读者也同样可以。以上就是我要表达的观点。

社区必须重新获得他们的道德声音，并用有利于促进年轻一代品格发展的方式来表达这些声音。要促进青少年的道德发展，社区表达道德声音应遵循三个基本原则：

1. 表达必须来自多种源头。只要有可能，父母的信息应该得到大家庭、老师、同龄人、社区辅导员、体育教练和教堂等的支持。多重表达的累积影响将远远超过任何单一来源的影响。多重表达不仅可以增强彼此的可信度，还可以帮助青少年理解在不同的关系和环境中追求道德目标的不同方式。

2. 各种表达相互之间必须保持一致。父母、老师、同龄人和其他人应该对青少年提出大致相似的目标和期望（如上所述，我在这里指的是核心目标和期望，而不是指成年人存在分歧的各种政治和文化问题——在这些问题上，我们应该敦促青少年做出自己的决定）。社区对青少年的基本目标和期望的一致性，是富有建设性的青少年宪章的本质特点。

3. 社区表达道德声音的方式，必须能够搭建通往青少年兴趣和能力的桥梁。只有这样，青少年才能实现有效的社会化。搭建桥梁意味着以青少年能够理解的方式传达标准，让他们参与能够反映这些标准的引人入胜的活动和体验，并与他们建立能够体现这些标准的关系。

这三个原则加在一起创造了强有力的条件，足以影响青少年的个人发展。这些原则为道德观点的形成提供了一致的、多样化的指导。这三个原则也为青少年提供了更多的机会来强化他们的道德动机和习惯，因为这些原则蕴含在积极的体验和口头信息中。

正如我在本书的前面部分和其他地方所阐述的那样，只有行动和反思相结合，才能确保形成持久的道德责任感。那些被鼓励承担真正的责任和为他人服务的孩子，那些在诚实、关爱和公平的关系中长大的孩子，那些懂得自己和他人所做选择的道德意义的孩子，将是迄今为止最有可能对道德目标做出终身承诺的孩子。任何按照这样的标准养育青少年的社区，仅靠自己就能够良好运转，无论是现在还是将来。

社区与青少年精神

青少年士气低落最可靠的解药是目标感：这就是说，让他们相信（和献身于）超越自我的东西。在每个孩子身上，这种超然的目标感所采取的形式就是人们通常所说的精神信仰。但是，这种目标感不单单是个人信仰的问题，相反，它与激励孩子为他人服务的社区里的人存在着错综复杂的联系。出于这一原因，正如我在本章中阐述的，社区和精神的发展是齐头并进的。它们共同让孩子的能力和品格发展成为可能，共同让孩子充分发挥他们的智力和道德潜力，共同确保文化的传承和改进。

在第 5 章中，我阐述了现代文化如何提升自我，贬低精神，从而损害了年轻一代的利益。当然，这种精神的挫败并不彻底。罗伯特·科尔斯和其他人记录了许多在现代社会中昂扬奋进的青少年的丰富的精神生活。我们现在的问题不是如何让时光倒流，撤销近代史上的社会进步，而是如何让现代文化对成长中的孩子变得更加“精神友好”（用现代的话来说）。

促使我撰写本书的原因是一种令人痛苦的恐惧，即当代社会对青少年发展来说已沦为一种不健康的环境。青少年的成长环境变得一年比一年更糟，而不是更好。我并没有发现我的担忧显得特别突兀或引发争议：我的朋友、同事以及许多与我交谈过的父母都和我有着同样的担忧。我们社会中的大多数人都意识到了青少年犯罪和暴力活动的上升趋势。大多数人都目睹了我在本书中阐述的青少年士气低落的多种迹象。

许多人看着充斥于我们媒体的青少年堕落的画面，忍不住想知道这些令人不快的信息是否是罪魁祸首。这些媒体的影响是我们文化衰落的根源吗？今天大众媒体节目中有关青少年堕落的内容让我也感到毛骨悚然，但我认为这与困扰他们的麻烦并没有多大关系。在公共媒体上，孩子遭遇的应受谴责的事情更多的是对问题的反映而不是对原因的探讨。相反，问题的根源是我们的文化未能为孩子提供他们的精神发展所需要的东西。我们的文化让孩子失望的原因不在于它给了孩子们什么，而在于它没有给孩子们什么。把孩子们引向歧途的，不是文化给予他们的影响，而是文化没有给予他们的影响。

我们也可以这样说现代文化的各种产物。媒体之所以成为问题，与其说是因为它的内容粗俗不堪，还不如说是因为它极大地浪费了孩子们宝贵的时间。当孩子们每天花 4 个小时盯着电脑电视看的时候，他们本可以用这些时间来读书、探索、锻炼、磨练技能以及了解不同的人、不同的地方和各种事物。他们本可以在活生生的现实生活体验中发展品格和能力。但恰恰相反，在他们成长的大部分时间里，他们将自己的活力和精神置于一种停滞不前的状态。这种可悲的机会丧失远远超过了任何枪战片或在线直播的浪漫片可能对他们的心灵造成的伤害。正因如此，对于孩子们沉溺社交媒体和影视剧的行为，最富有建设性的解决方案是遏制它，而不是审查它。审查内容的做法收效甚微。事实上，它断送了一个富有成效的成年人指导的机会。当一个负责任的成年人就某件糟糕的事情向孩子提供道德解释时，这个成年人给孩子们提供了一个指导框架，这个指导框架能够让孩子知道在类似的事情发生时（这样的事情在生活中是不可避免地会发生的）该如何应付。

但是，成年人的指导就像无价商品一样，变得一年比一年稀缺。这种稀缺性的产生存在根深蒂固的、多种多样的原因。有些家庭已经分崩离析，（充其量）只剩下一个负担过重的、缺乏支持的单亲父母既当爹又当妈。有些家庭仍然完整无缺，但由于父母双方都在工作，孩子们大部分时间都在自由散漫的、缺乏监管的环境中度过，父母对他们也几乎没有什么期望。对于今天的孩子来说，除了不完善的家庭环境之外，我们文化的期望真空也会如影随形地跟着他们。我们的文化已开始认为孩子是脆弱的、无能的物种，他们几乎没有能力积极参与具有挑战性的活动。我们的文化还开始认为孩子们是好玩乐的、无道德感的物种，不能让他们承担真正的责任或进行诚实的讨论。

孩子们的成就标准已经下降到几乎消失的地步。与此同时，社区正在迅速遗忘它们的行为标准。它们不再呼吁提高青少年的标准。向青少年传递标准的健全手段也正在成为一门失落的艺术，以至于现在任何人在公共论坛上讨论社会化、管教或道德教育问题时，通常都带有指责、分裂言论和政治意图。这种两极分化的讨论产生的是错误的对立，而不是我们需要的富有建设性的解决方案，即把成年人指导带回孩子的生活中。

要实现一个对青少年精神友好的社会，我们需要彻底重新安排我们的家庭优先事项；我们需要改变我们对孩子以及什么对他们最好的看法。孩子的发展需要必须成为我们家庭的核心，无论我们的家庭如何被各种压力和外部工作影响。但这并不意味着家庭应该围着孩子的每一个突发奇想打转，家庭必须更加关注孩子们的长远发展。对于许多家庭来说，这可能意味着减少对孩子的短期愿望和需求的关注。孩子需要父母的指导，这种指导的实现需要付出艰苦的、非常耗时的努力，需要父母与孩子一起执行具有挑战性的任务、承担相关的责任。忙碌或心烦意乱的父母往往会花钱让自己和孩子摆脱这项艰巨的工作——溺爱他们的孩子，免除他们的所有义务，轻易就给他们表扬，让他们在无意义（甚至有害）的消遣中虚度时光，只要他们不惹父母心烦。父母必须对自己和自己的孩子们提出比这更高的要求。父母必须花时间为他们的孩子提供持续的指导，必须确保他们的孩子花时间体验为他人提供有意义服务所带来的回报。

正如我在第7章和第8章中所阐述的那样，父母的指导要行之有效，就必须搭建起一座桥梁，将孩子的兴趣引向明确的目标和较高的标准。此外，如果父母的指导要真正支持孩子们的品格和能力发展，那么这种指导就必须将孩子引向为他人服务的方向。在孩子的发展过程中，服务和精神是紧密相连的。孩子通过为他人服务学会了投身于超越自我的事情。在无私的行动中，孩子首先发现了超越自己眼前的欲望、全身心为他人服务的快乐。对许多孩子来说，这种经历直接导致了一种精神上的超脱感：即对超越自我的东西的信仰和奉献。乐于为他人服务的意愿、超越感和对生活更深刻意义的信念，都会促进孩子的精神发展。反过来，精神会支持孩子的智力和道德追求，无论是在顺境还是在逆境中。

即使是在一个富裕的社会中，成年人也必须习惯于给孩子提供为他人服务的机会——这不是为了他们所服务的人的利益，而是为了孩子自己的利益。服务的机会从家庭开始，满足他人需要的习惯最好在早期养成。正因如此，父母最有资格引导孩子参加服务活动，这些活动将有助于孩子的精神发展。但孩子的发展并不会止步于家庭。学校和社区也必须为孩子提供为他人的福祉做贡献的机会。每一个充当青少年导师的成年人都能够以这样或那样的方式做到这一点。当成年人希望孩子帮忙时，即使是帮小忙，他们也能够教孩子为他人和自己承担责任。

与向孩子们传达较高的成就、服务和责任标准相对的，是另外一种选择。这种选择正越来越多地在数百万个家庭中上演：把孩子培养成以自我为中心、不负责任以及最终士气低落的人。我们的文化已不能朝着这个方向再漂泊数代人之久了。我们要么重建我们的家庭和社区，让它们再次为所有孩子的发展提供精神友好的环境，要么将永远失去我们最珍视的人类文明中的宝贵品质。

后记
我们时代的其他寓言

我在本书开头谈到了一场噩梦——如果我们不能改变育儿的误导性思想和实践，我们的未来将变得黯淡无光。这种黯淡无光的未来还没有完全到来，尽管我们目前的文化生活已给了我们足够的暗示，以至于我们应该紧急叫停误导性的思想和实践。事实上，我们现在已经开始尝到历经几代人的误导性观点和实践带来的恶果。当今许多青少年士气低落的状态和反社会的倾向，已对我们社会的生存构成了威胁。如果我们的社会要再次成为青少年成长的健康环境，它就必须重新定位，为他们提供更加振奋人心的生活方向。而且，它必须尽快这么做。每有一代人在指导匮乏、标准低下和期望不确定的情况下长大，就会加快文化衰落的步伐，使我们进一步远离修正的可能性。

这里还有一个更有希望的寓言故事适合我们这个时代。这个故事取材于过去的一部文学作品，最近在电影和一部流行音乐剧中重现。这是一个名为《秘密花园》的故事，它讲述了一个被过度保护的、胆小怕事的小男孩，在一些亲近他的人不再把他当病人对待后，他才发现了自己潜藏的力量。多年前，在我自己的童年时代，当我第一次读到这部小说时，这个故事几乎没有给我留下多么深刻的印象。但在去年，我带着自己的其中一个孩子去看了这部电影。这一次，这个维多利亚时代的故事给我的印象就像是一种可怕的预言。这个小男孩的困境尽管有些极端，但像极了当今太多青少年的成长命运。他们的能力和潜力没有被监护他们的人认识到。他们探究的热情被过度保护的乏味泡沫所抑制。他们以自我为中心的心态和习惯没有得到纠正。他们想要获得毅力和能力的天生欲望已经被熄灭了。他们对世界的自发兴趣已经被太多空洞的经历和太多可怕的警告削弱了。他们成长在没有期望、没有标准、没有指导的环境中，被剥夺了真正承担责任、真正为他人服务的机会。这样一来，今天的许多孩子别无选择，只能变得内向和自闭。

像故事中的男孩一样，今天的青少年可能会指望他们的朋友给予激励和支持，但与男孩不同的是，他们可能没有那么幸运地有同伴把他们的最大利益放在心上。在孩子的生活中，朋友既是希望的源泉，也是麻烦的源头。对于那些有强大的家庭和学校指导，并能够对选择朋友和倾听其意见做出正确判断的孩子来说，同伴是一种宝贵的发展资源。对于没有其他道德指导或支持的孩子来说，同伴的影响可能是一件危险的事情。

必须指出的是，故事中的男孩是一个富家子弟。这似乎无助于解决他的问题：事实上，这反而让问题变得更加复杂了。忽视富裕生活给一些孩子带来的好处是不真诚的。尽管许多中产家庭的孩子在成长过程中变得士气低落，但他们至少吃饱了肚子，住在安全的房子里，上了环境不错的学校。这些都对其发展至关重要。我们的贫民区中的青少年士气低落往往是一个致命得多的问题。

然而，归根结底，我在富人家的孩子和穷人家的孩子之间看到的共同点多于不同点。我们所有的孩子都成长在这样一种文化之中，这种文化缺乏孩子们培养品格和能力所需的东西。他们都成长在这样一个社会中，这个社会中的指导、教育和管教孩子的基本实践正在迅速变成失落的艺术。他们都是在道德声音渐渐消失的社区里长大的。事实上，穷人家的孩子目前可能面临更大的危险。正因如此，我把标准而不是物质资源作为问题的核心。

这部关于被过度保护的男孩的小说有一个美好的结局。在这个男孩的勇敢的表弟的鼓励下，他通向世界的窗户被打开了。当新鲜空气涌入时，这个男孩恢复了生机。就像所有孩子一样，这个男孩的自然能量和活力韧性十足，尽管它们多年来一直被忽视，但却始终没有泯灭。他的家人——甚至连他自己——都不知道，他一直在等待一个发现其潜力和实现其梦想的机会。当他最终得到这个机会时，他的精神振作起来，他的力量丰盈起来，他的许多才华闪闪发光。

为我们社会中的每一个孩子提供这样的机会，这是我们力所能及的事情。对我们这个时代来说，还有什么使命比这更有价值、更紧迫呢？但是，要做到这一点，那些负责养育青少年的人将需要采取一些新的思维和行动。这将要求我们对所有的孩子承担共同的责任。这将要求我们建设体现这种共同责任感的社区——现代化村庄——给每个孩子提供他们应得的指导和教育机会。这也将要求我们，无论是个人还是社区，都要向孩子提出较高的标准和期望，以激励他们终生发展。这样一来，这项使命将要求我们重新启用一些非常古老的想法——在现代世界中让古老的智慧再次焕发生机。

[美]威廉·戴蒙/著
成　实　张凌燕/译
国际文化出版公司
定价：56.00元

《目标感》

樊登倾情推荐儿童发展心理学作品
权威心理学家讲透孩子的“理想教育”
作者为影响世界的50位心理学家
《儿童心理学手册》（共4卷）总主编

为什么有些人的人生是成功而幸福的，有些人的人生却是充满波折和哀伤的，年轻人拥有未来不同人生轨迹的关键因素是什么？是卓越天资和优秀的学习能力？是父母的栽培和物质条件的给予？本书会告诉你：都不是！今天年轻人普遍缺乏心理动力的原因，是对目标感的认识不清。在这样一个经济、文化、社会的不确定性变得越来越高的世界里，当前父母最紧迫的事情是帮助孩子获得积极的目标感，使他们能够跨越雷区——威胁他们这一代人的漂泊、迷茫、冷漠、焦虑、恐慌以及自我沉溺。

[美]迈克尔·C·莱克特/著
叶红婷　张　婷/译
国际文化出版公司
定价：69.80元

《培养男孩》

用情感连接的力量塑造男孩的人格
哈佛大学“Best for Boys”系列讲座
伯克利分校评为“2019年最佳养育图书”
儿童教育专家李跃儿作序推荐

为那些关注男孩和青少年心理的人，提供前沿的神经学研究成果和心理学新理念，它将帮助每一位父母和老师成为男孩成长的最有效支持者，把男孩培养成懂自省、能共情，具备建立人际关系能力，能够应对现代生活挑战，具有更丰满人格的人。

作者通过30年的丰富案例研究，挑战“男孩自然会成为男人”的传统观念，破解当下男孩成长面临的六大挑战：情绪风暴、适应学校、同龄交往、情感启蒙、运动损伤、霸凌与脆弱，为男孩健康成长和拥有完整人格提供指引，并扫清刻板印象的障碍。通过父母的情感连接，为孩子未来取得学业、事业和家庭的成功，打下最坚实的基础。

李跃儿 / 著
国际文化出版公司
定价：68.00 元

《卡通胡子：人格影响一生》

从一个男人怪诞的成长史中发现童年成长的秘密
首次呈现芭学园“人格建构”核心理念

儿童教育专家李跃儿以丈夫胡子为成长个案，时间跨度超过 40 年，从一个男人怪诞的成长史中发现童年成长的秘密，进而揭示出人格建构的不可或缺。

父母对孩子的人格培养，就像给孩子预备了一头美丽的红色狮子作为坐骑，这头红色狮子能使孩子完全胜任人生的任何状况，并且能够既利益自己，也利益他人。我们无法培养出人格完美的孩子，但是至少可以尽可能给我们的孩子预备一头红色的狮子，这是做父母的对人类最大的贡献，也是对孩子最大的爱。

李跃儿 / 著
国际文化出版公司
定价：59.00 元

《谁拿走了孩子的幸福》畅销 20 年升级版

儿童教育家李跃儿 40 年爱育实践精华
用爱激发孩子的潜能，给孩子感受幸福的能力

儿童的心灵就像珍贵的艺术品，需要父母用心思、用灵魂好好感悟。爱得过多、爱错了方向，都会使孩子内心蒙尘。

本书是李跃儿 40 年来教育实践的精华，用一个个生动的案例阐释了如何培养有抗挫折力的孩子、如何培养孩子的共情能力、如何与孩子对话、如何识别孩子的焦虑和不安……

再多的技巧都终将回归于对孩子发自内心的欣赏和爱。如何智慧地爱，怎样在自己、在孩子心中培育爱，从而使爱形成不竭的循环，这是父母乃至整个社会需要探索的课题，本书将为读者提供一种答案。

[日]泷靖之　乡和贵 / 著
潘郁灵 / 译
定价：59.80 元

《学习脑科学》

普通孩子也有机会成为"尖子生"
脑科学教授倾囊相授名校生的培养秘籍

孩子的学习决定了孩子的未来。然而，很多孩子的成绩并不理想，家长们看在眼里、急在心里，却束手无策。

实际上，学习成绩的好坏是由大脑的思维能力决定的。要想提高学习成绩，最本质的方法就是提升思维能力。而思维能力的培养，绝不仅仅是在上课的过程中完成的，玩耍、表达、做事、社交……这些活动都是锻炼思维能力的重要方式。

思维锻炼得越多，大脑就会越聪明，成绩也就会越出色！接下来，就让脑科学专家带领我们了解科学的学习方式吧！

[澳]布鲁斯·罗宾森 / 著
李　菲 / 译
国际文化出版公司
定价：49.80 元

《忙碌爸爸也能做好爸爸》

樊登私房藏书
再忙，也有办法多陪陪孩子
妈妈做再多，也无法替代爸爸的作用

父教缺失是当今家庭，特别是城市家庭中的普遍现象。父教缺失最容易导致男孩内向懦弱，女孩产生不安全感等，会对孩子的性格造成不可逆的终生影响。

为此，作者以作研究的严谨态度，访问了超过 75 位爸爸及其家人。这些爸爸来自社会各个阶层，包括白领职员、企业高管（微软副总裁）、文体明星（国际著名导演梅尔·吉布森）、国家领导人（澳大利亚前总理）等，一起分享如何照顾孩子、如何在家庭与工作间找到平衡、如何与妻子相互协助、如何与孩子建立起亲密关系……

[日]林成之/著
解礼业/译
国际文化出版公司
定价：45.00元

《儿童专注力培养方法》

国际脑神经学权威力作，融汇世界脑科学前沿成果
日本奥运冠军都在用的专注力培养方法
日文版上市三年，加印30次，风靡日本教育界

人们都想把孩子培养成注意力集中的人，这是因为注意力集中，是孩子学习知识和技能，并取得好成绩的一个重要因素。孩子具备了这个能力，在各种情况下都能发挥潜力，做到最好，长大后亦能大展宏图，亲手描绘自己的幸福人生。提高专注力，能使孩子在学习方面表现更加出色，在运动方面也能收到意想不到的效果。

本书是林成之教授关于儿童专注力发展研究的前沿成果，指出影响专注力的关键因素是情绪；并根据儿童大脑发育周期，提出了“0~3岁：本能培养期”“4~7岁：习惯培养期”“7~10岁：自我成长期”的分期的孩童专注力培养方法，帮助家长科学地培养孩子的专注力。

[韩]全声洙/著
熊懿桦/译
国际文化出版公司
定价：49.80元

《哈柏露塔学习法》

大声发问，用力思考
犹太父母都在用的哈柏露塔高效学习法
犹太精英出类拔萃的秘密，就是传承三千八百年的
“哈柏露塔”学习法

30%的诺贝尔奖得主是犹太人；哈佛、耶鲁等常春藤名校，犹太人录取率高达30%。犹太人如何打造学习奇迹？答案就在“哈柏露塔”。犹太人擅长协商，在金融、媒体、法律及经济领域能崭露头角，成为世界一流人才，就是因为，他们在家庭、学校与职场等不同场合，都通过“哈柏露塔”学习法培养各种能力。

“哈柏露塔”学习法将死背转变成讨论，将孤立式学习转变成沟通式学习，将枯燥的学习转变成愉快的学习，最终，将知识转变成思考、判断、沟通和创新的能力。